水文地质分析与应用研究

主　编　王　敬　韩　忠　顾崇冬
副主编　宋明忠　李恒猛

北京工业大学出版社

图书在版编目（CIP）数据

水文地质分析与应用研究 / 王敬，韩忠，顾崇冬主编. — 北京 ：北京工业大学出版社，2021.2
ISBN 978-7-5639-7866-3

Ⅰ. ①水… Ⅱ. ①王… ②韩… ③顾… Ⅲ. ①水文地质—研究 Ⅳ. ① P641

中国版本图书馆 CIP 数据核字（2021）第 034120 号

水文地质分析与应用研究

SHUIWEN DIZHI FENXI YU YINGYONG YANJIU

主　　编：王敬　韩忠　顾崇冬
责任编辑：乔爱肖
封面设计：知更壹点
出版发行：北京工业大学出版社
（北京市朝阳区平乐园 100 号　邮编：100124）
010-67391722（传真）　bgdcbs@sina.com
经销单位：全国各地新华书店
承印单位：涿州汇美亿浓印刷有限公司
开　　本：710 毫米 ×1000 毫米　1/16
印　　张：10.25
字　　数：205 千字
版　　次：2022 年10月第 1 版
印　　次：2022 年10月第 1 次印刷
标准书号：ISBN 978-7-5639-7866-3
定　　价：78.00 元

编者简介

第一主编：

王敬，男，1982年3月生，本科学历，高级工程师，现就职于山东省地质矿产勘查开发局第六地质大队，主要从事水文地质、工程地质、环境地质勘查工作，曾获国土资源科学技术奖一等奖2项、二等奖1项，厅局级科学技术奖20余项，发表学术论文9篇，出版专著1部。

第二主编：

韩忠，男，1988年11月生，硕士研究生学历，工程师，现就职于山东省地质矿产勘查开发局第六地质大队，主要从事水文地质、工程地质、环境地质勘查工作。曾获厅局级科学技术奖6项，发表科技论文9篇，出版专著1部，获实用新型专利2项、软件著作权1项。

第三主编：

顾崇冬，男，1982年4月生，大学本科学历，高级工程师，现就职于山东省地质矿产勘查开发局第六地质大队，主要从事岩土工程勘察、水文地质勘查、环境地质调查、地质灾害治理等工作。曾获得厅局级各类奖项13项，其中一等奖3项、二等奖8项、三等奖2项。

前　言

随着社会经济的不断发展，人们对资源的需求不断提高，环境问题受到了全社会的高度关注，特别是水资源短缺问题。而通过对水文地质分析与应用的研究，对水资源中具有重要地位的地下水进行合理开发和科学管理，对于解决水资源短缺和维护生态环境具有积极作用。

全书共九章。第一章为绪论，主要阐述水文地质学的创立与研究对象、水文地质学的研究内容、水文地质学的研究概况、水文现象的特性及研究方法等内容；第二章为地球中水的分布与循环，主要阐述地球中水的分布、地球中水的循环、中国水资源概况、中国地下水污染防治与储量检测等内容；第三章为地下水的分类与赋存，主要阐述影响地下水的因素、地下水的常见类型、现代地下水的赋存等内容；第四章为现代地下水运动，主要阐述重力水的运动、结合水的运动、饱和性黏土中水的运动、毛细现象与包气带水的运动等内容；第五章为地下水的化学组分及其演变，主要阐述地下水的化学特征、地下水的化学成分、地下水化学成分的形成作用等内容；第六章为不同岩土介质中的地下水，主要阐述孔隙水、裂隙水、岩溶水等内容；第七章为地下水资源分析评价与开发管理，主要阐述地下水资源的特点、地下水资源的应用、地下水资源的属性及其意义、地下水资源的管理与规划、现代地下水资源的评价等内容；第八章为现代地下水与生态环境保护对策，主要阐述水体与水体污染、与地下水有关的环境生态问题及防治、地下水支撑的生态系统、现代地下水水源的保护等内容；第九章为矿井水文地质的分析与应用，主要阐述矿井水害分析、矿井水害防治等内容。

为了确保研究内容的丰富性和多样性，编者在写作过程中参考了大量理论与研究文献，在此向涉及的专家学者表示衷心的感谢。

限于编者水平，加之时间仓促，本书难免存在一些不足，恳请同行专家和读者朋友批评指正！

目　录

第一章 绪 论

水文地质学是对地下水的储量、分布、开发、利用等进行研究的学科。通过水文地质学能够参透地下水的分布、运动等规律，正确认识地下水资源的循环运移过程、水质变化规律以及不同层位地下水的特性，进而科学地开发和利用地下水资源，并有效地防治和修复地下水污染。本章分为水文地质学的创立与研究对象、水文地质学的研究内容、水文地质学的研究概况、水文现象的特性及研究方法四部分，主要包括水文地质学的创立、水文现象的特性等方面的内容。

第一节 水文地质学的创立与研究对象

一、水文地质学的创立

相比于那些自然科学，水文地质学可以说是一门比较年轻的科学。虽然人们在人类社会早期就开始利用地下水，但是水文地质学却是在 19 世纪末，人类社会开始进入工业化社会后才逐渐发展起来的，直到 20 世纪的 20 至 30 年代才真正成为一门独立的学科。

人类社会进入工业社会之前，人们对地下水的认识仅局限于对地下水起源的推测和找水、凿井方法的经验总结。

水文地质学的真正形成，主要是在 18 世纪末到 20 世纪初（20 世纪 20 年代）这一段人类步入工业化社会的过程中。随着工农业的迅速发展、城市的扩大和人口的增加，需水量急增，使更多的开采矿床与矿坑地下水进行斗争的问题提到了日程上。

因此，工业化的过程促使科学家必须关注地下水的研究，水文地质学随之诞生。

关于地下水起源和地下水赋存的地质条件的研究，是水文地质学的基础理论。它是在诸多学者对各种专门问题取得研究成果的基础上逐渐积累而成的。关于地下水起源的争论，事实上自 18 世纪许多欧洲科学家通过各种试验和水均衡计算后，地下水的降水入渗补给学说已为多数学者所认同，此外，人们也注意到了凝结埋藏、初生论等地下水起源的学说。

地下水和地质条件的关系是许多关注地下水的学者最早研究的问题。许多地质学家对专门性问题都有贡献，如荷兰的许多地质学家对沿海沙丘地区地下水的认识有过贡献；俄罗斯的地质学家对永冻层地区地下水的起源有深入的研究；日本地质学家和地球物理学家对热泉进行过研究；法国的道布勒（Daubree）很早就发表了关于地下水地质方面的论文；地质学家斯塔斯（Steans）在其有关夏威夷岛的地质专著中，深入论述了火山岩和地下水起源的关系；戴维斯（Davis）和布列兹（Bretz）发表了很多关于石灰岩溶洞和地下水关系的论著；南非地质学家迪图瓦（Dutoit）发表了南非基岩区地下水方面的专著；美国地质调查所的迈因泽（Meinzer）于 1923 年对美国地下水做了总结性描述，同时他明确地将水文地质学列为地球科学的一个新分支。

地下水的运动理论主要是由许多水力学家及供水工程专家创立的。在这方面贡献最大的是法国水力学家达西（Darcy）。他根据所进行的试验，于 1856 年发现了水在砂土中渗透的层流运动定律，奠定了地下水在孔隙岩层中运动理论的基础。1863 年，法国另一个水力学家裘布依在达西定律的基础上，提出了地下水流向水井的运动公式，从而奠定了地下水稳定流理论的基础。1876 年德国的阿道夫·蒂姆（Adolph Thiem）改进了裘布依公式，改进后的公式可以精确计算出当含水层中一口水井抽水时，在临近水井中产生的水位效应。1886 年奥地利人菲利普·福奇海默（Philip Forchheimer）在研究含水层中地下水运动时引进了等势线和流线的概念，他第一个将拉普拉斯方程和映象方法应用于井流理论的计算中。1935 年苏联学者卡明斯基出版了第一部地下水动力学专著。1935 年泰斯（Theis）在热传导理论的基础上建立了非稳定井流公式，至此标志着地下水动力学理论已基本形成。

地下水质或者说水化学理论的建立相对较晚。尽管对矿水、矿泉水的研究早在人类利用地下水的初期即已开始，但主要局限于水的物理性质与医疗疗效的认识，真正的水化学和水文地球化学在 19 世纪后期才开始发展起来，德国的勒森（Lersch）于 1864 年进行的水化学研究。在北美，现代水文地球化学研究始于克拉克（Clarke），他在 1910—1925 年出版了较系统的水化学研究专著，专著中包括大量的水分析和地球化学解释。

我国的现代水文地质科学相对来说发展较晚，直到 20 世纪 30 年代，才有梁津、谢家荣、王钰、马振图等学者于江苏、南京、河南安阳等地开展的零星的地下水调查，而水文地质学的真正发展则是在新中国成立之后。

二、水文地质学的研究对象

水文地质学是研究地下水的科学。地下水是赋存于地表以下不同深度的土层和岩石孔隙中的水，如泉水、井水均为地下水。

一方面，水是生命之源，是人类赖以生存、不可或缺的宝贵资源。地下水作为水资源的重要组成部分，分布广泛、水质良好，是人类重要的淡水资源，对人们的生活及工农业生产有重要意义。整个亚洲饮用水中 1/3 为地下水，美国有 50% 以上城市人口和 95% 以上农村人口的饮用水为地下水。2019 年，我国水资源总量为 29041 亿 m^3，其中地下水资源总量为 8192 亿 m^3，约占全国水资源总量的 28%。当地下水中富集某些有益盐类及元素时，可成为工业矿产。

另一方面，随着世界经济的发展，由地下水所引发的工程地质与环境问题日益突出，成为世界经济发展的天然障碍，如由于地下水超采，导致地下水位持续下降，造成地面沉降。

第二节　水文地质学的研究内容

一、基础研究工作

基础研究工作主要涉及水文地质的基础理论，如通过建立地下水运动数学模型，对地下水运动机理进行研究。它主要研究地下水及地下水中的溶质浓度、温度等物理特征，通过孔隙、裂隙等复杂介质运移和转化所遵循的物理规律，研究由地下水水头、浓度、温度等物理特征的变化所引起的流体性质或介质性质的变化规律，如溶质的结晶溶解、蒸发冻结、吸附解吸、介质压缩、孔隙度或导水性的变化、地面沉降规律等。进行基础研究工作的目的是探寻问题的机理，它可能有直接或明显的现实意义，也可能没有。

二、地下水的开发

地下水的开发与管理主要以水文地质学的基本原理为基础，阐明开发地下水的经济效益。为了开发地下水，水文地质工作者需要确定水源，探明地下水的水质、水量。一些工程建设项目会被开挖到潜水面之下，为此需要对地下水进行管理。在该过程中，水文地质工作者要确定井的数量、位置、抽水量，以及分析抽水是否会对周围的地下水用户带来不利影响等。

三、地下水的污染

地下水的污染威胁着工业化地区、郊区及农村。水文地质工作的内容之一就是确保水质符合规定要求，因此水文地质工作者应按规范对水质进行采样、分析，并提交地下水水质评估报告。其中水质采样的内容包括采样点的布设、采样时间与频率、采样方法的选择、样品的保存与管理等。

四、地下水的水质

地下水的水质包括物理性质及化学性质两个方面。在地下水的物理性质方面，已从早期的单纯对水温、色等方面的研究，已扩展到对地下水放射性、地下水形成年龄等方面的深入研究。在地下水的化学性质方面主要研究地下水中的化学组分和微生物组分、水化学形成作用及人为活动对地下水质的影响。

五、地下水动态规律

地下水和其他地质矿产最大的区别之一，即地下水的质与量均随着时间而变化。因此，为揭示地下水的形成条件和更好地利用地下水资源并防治其有害作用，研究地下水的动态变化规律便是地下水研究的主要内容之一。

六、地下水与环境的相互关系

地下水是地球环境不可分割的组成部分，因此必须研究地下水和环境之间的相互作用，包括地下水的存在和活动对环境产生的以及地下水在人类活动影响下所导致的种种环境问题和工程安全问题。

七、矿井水害的防治

我国的矿产资源丰富，自然地理条件和水文地质条件复杂。以煤炭资源为例，据统计，我国有 40% 以上的煤炭资源不同程度地受到地下水的威胁，在一定程度上影响了煤炭资源的开发。对于那些位于岩溶地下水位以下的煤矿，在开拓、掘进和生产过程中，将会受到地下水日趋严重的威胁。

第三节　水文地质学的研究概况

一、基于社会维度的地下水研究

部分西方国家的水文地质专家在多年的科学研究之后发现，长期与社会、政治、经济、公众生产生活等因素相脱节的地下水研究，未来面临的挑战是如何将科学研究成果与社会、政治、经济、法律法规等环节相结合，如何更好地服务于社会公众的生产生活。在地下水科学宣传方面，如何缩短水文地质专家与普通民众、政府决策部门的距离，还有很长的路要走。关于这一点，我国自然资源部中国地质调查局科普宣传力量上的持续投入已经形成了较大的影响，如每年地球日和科普周等一系列活动都有专门的地下水资源可持续利用及环境保护方面的宣传内容，有效地缩短了地质调查、科学计划和民众之间的距离。

总体而言，拉丁美洲、非洲和东南亚的一些发展中国家正在逐步加强开展地下水资源量、地下水质量的研究，其政府部门逐渐意识到利用地下水和保护地下水可持续利用对社会经济发展的重要性。老挝岩溶水的资源量较大，但对其研究较少，目前开始受到重视，其2017年版的水资源法中，有专门的章节叙述了地下水管理；泰国已经编制了省级的1 ： 10万地下水资源可利用图，启动了全国范围1 ： 5万地下水资源图编制工作；几内亚的专家法比奥・安东尼奥・福西（Fabio Antonio Fussi）提到，几内亚政府无暇顾及地下水资源管理及相关立法工作，地下水面临被重金属污染及超采的风险，希望国际组织能够提供帮助；来自德国的专家正在印度等发展中国家开展“社会－水文地质项目”，并讲述了一位普通印度妇女从原先的抗拒到后来很自豪地说自己也成了“水专家”的事迹，有效地促进了地下水研究与社会公众的相结合，提升了地下水科学服务社会生产生活的能力。

二、基于综合视角的地下水和地表水研究

从研究方法看，目前国际上研究地下水与地表水转化关系主要采用两种方法：一种是基于同位素和水化学的方法，另一种是数值模拟方法。在基于同位素和水化学的研究方面，专家利用同位素研究了维多利亚湖的蒸发量，估算了地表水和地下水对湖水的贡献；利用氯和锶同位素研究了南非某河谷区河水的来源；利用水化学方法研究了纳塞尔水库修建对地下水水质的影响；利用氢氧同位素估算了地表水对地下水的渗漏补给量。对于数值模拟，主要使用的软件为MODFLOW和HydroGeoSphere，如利用MODFLOW软件模拟了伊朗乌尔米耶（Urmia）平原地下水与地表水的关系，HydroGeoSphere软件目前已成为被广泛使用的模型工具，由加拿大滑铁卢大学开发，具有将地表水与地下水统一考虑的优点，且可以应用在不同的空间尺度上。

三、地下水质量与地下水污染的研究

地下水硝酸盐污染的模拟与污染物迁移是转化机理研究的一项重要内容。

例如，有学者利用 MODFLOW 建立地下水径流模型，模拟实验室尺度和区域尺度内长期硝酸盐污染物运移的特征，以及利用 δ^{15}N、δ^{18}O 同位素示踪法研究硝酸盐在非饱和火山岩地层中的运移机制；韩国研究者在高浓度硝酸盐污染农业区含水层中应用原位生物异养反硝化工艺进行点源污染修复，并在实验含水层估算硝酸盐含量；新西兰研究者通过对生物反应器的随机多目标优化，进而优化非均质冲积含水层中硝酸盐污染修复方法。

新型地下水污染主要来自人类活动对地下水的影响，包括地下资源开发对地质环境的干扰、工业生产带来的新有机污染物、新致病菌在地下水中的运移等。日本政府颁布的环境质量管理标准已经将淋滤液中 1，4- 二氧杂环己烷浓度标准列入其中。日本研究者通过土柱实验和模型试验，揭示了 1，4- 二氧杂环己烷的污染机制，即伴随雨水的淋滤作用，非饱和污染土壤中的 1，4- 二氧杂环己烷快速向饱和土层中扩散。

四、岩溶和裂隙含水层水文地质研究

匈牙利学者通过计算值与实测值对比发现水资源线索的方法，为寻找水源提供了新的思路；日本专家以高裂隙性海岸含水层地下水流动为例，通过建立伸缩式组合模型（TMM）成功模拟了多孔介质多尺度瞬变流的运输过程；卡塔尔学者运用有限差分方法建立了岩溶含水层的 MODFLOW 模型，采用参数估计与先导点结合方法解释了导流系数的高变异性，同时采用蒙特卡罗方法建立了导水率和降雨补给的校正约束，并对模型进行了稳态情况下的校准。

在水文地质参数精细化求解方法研究方面，加拿大滑铁卢大学教授提出的水力层析成像方法在求解岩溶含水层水力特征空间分布方面具有很好的前景，值得学习研究；加拿大梅佐纳特（Meyzonnat）教授通过对井中温度的高分辨率监测，根据地下水温度随着埋深变浅而变低的特征及垂向温度出现的梯度变化，描绘活动导水裂隙的位置；比利时霍夫曼（Hoffmann）教授对两个深 50 m、相距 7.55 m 的井进行了研究，利用溶解气体、加热等方法分析了强扩散效应，定量分析了双重孔隙的影响和溶剂运移的不均一性；比利时罗伯特（Robert）教授通过自然电位数据对裂隙岩体中区域地下水流态进行了描述和概化；加拿大马尔丹纳（Maldaner）教授利用分布式温度传感器探测井中优势流的位置，并根据温差判断优势流的强弱；印度学者巴卡（Bhakar）通过氘（氢同位素）确定了石灰岩矿区水的来源。这些技术方法也值得我们学习借鉴。

五、海岸带管理和水资源研究融合

海岛峭壁的脆弱性研究对于确保地下水资源的可持续性至关重要。马来西亚的西亚兹万·艾曼·马特·哈斯迪（Syazwan Aiman Mat Hasdi）对马来西亚丁加奴州内岛屿进行了地下水脆弱性评价，并利用地理信息系统（GIS）软件进行编图，评价中增加了海水入侵和污染的风险，结果表明，海岸带具有较高的脆弱性。印度学者马尼瓦南（Manivannan）从 2017 年 6 月开始，每 3 个月进行一次地下水采样，分别从 3 个不同含水层采集地下水，现场测量电导率、pH 值、盐度和碳酸盐，并在实验室分析主要离子和微量金属的浓度，研究表明，基于地球化学指标，在多含水层系统中没有观察到明显的相互作用。

德国的克里斯托夫·扬克（Christoph Jahnke）在埃及红海地区一个碎屑海岸含水层的 50 多口井中，发现几口井的含盐量高达 60 g/L，明显高于海水浓度，并在许多需要经常清洗的井中都发现了明显的矿物结垢（石膏）。对其进行化学和稳定同位素分析，发现在地下水与海水混合过程中由于离子交换反应中钙的富集使石膏达到饱和。

法国贝莎德·库伯（Behshad Koobbor）首次利用放射性稀有气体同位素示踪剂氪（Kr）和氩（Ar）测定了深部（＞1000 m）盐化滨海地下水的滞留时间，该结果有助于确定海水侵入地中海附近的以色列深层含水层的速度，以及含水层与海洋的连接性。Kr 年龄测定表明，海水样本的年龄小于 4 万年，与基于水文地质因素估计的几百万年的年龄矛盾。新的结果表明，含水层和海洋之间的联系更加紧密，而且最近的侵入是由海平面上升控制的，而海平面上升始于 2 万年前。因此，在较短的时间内，通过过度抽水降低相邻淡水水位会加速海水入侵，此类含水层需重点关注，加强管理。

第四节 水文现象的特性及研究方法

一、水文现象的特性

水文现象的基本特征可以归结为以下两个方面。

（一）周期性与随机性

在水文现象的时程变化方面存在周期性与随机性统一的特征。水文现象的时间变化过程存在着周期而又不重复的性质，一般称为“准周期”性质。

例如，潮汐河口的水位存在以半个或一个太阴日为周期的日变化；河流每年出现水量丰沛的汛期和水量较少的枯水期；通过长期观测可以看到，河流、湖泊的水量存在着连续丰水年与连续枯水年的交替，表现出多年变化；每年河流最大和最小流量的出现虽无具体固定的时日，但最大流量每年都发生在多雨的汛期，而最小流量多出现在雨雪稀少的枯水期，这是因为四季的交替变化是影响河川径流的主要气候因素。

又如，靠冰川或融雪补给的河流，因气温具有年变化的周期，所以随气温变化而变化的河川径流也具有年周期性，其年最大冰川融水径流一般出现在气温最高的夏季七八月间。

（二）相似性与特殊性

不同流域所处的地理位置如果相近，气候因素与地理条件也相似，由其综合影响而产生的水文现象在一定范围内也具有相似性，其在地区的分布上也有一定的规律性。例如：在湿润地区的河流，其水量丰富，年内分配也比较均匀；在干旱地区的大多数河流，则水量不足，年内分配也不均匀。又如同一地区的不同河流，其汛期与枯水期都十分相近，径流变化过程也都十分相似。

此外，相邻流域所处的地理位置与气候因素虽然相似，但地形地质等条件的差异会产生不同的水文变化规律。这就是与相似性对立的特殊性。例如：在同一地区，山川河流与平原河流，其洪水运动规律就各不相同；地下水丰富的河流与地下水贫乏的河流，其枯水水文动态就有很大差异。

二、水文现象的研究方法

（一）成因分析法

利用水文现象的确定性规律解决水文问题的方法，称为成因分析法。当某种水文现象与其影响因素之间确定性关系较为明确时，可通过水文网站和室外、室内试验的观测资料及实验数据，从物理成因出发，建立水文现象与影响因素之间的定量关系，研究水文现象的形成过程，以阐明水文现象的本质及其内在联系。成因分析法广泛应用在水文预报、降雨径流分析中。但由于影响水文现象的因素极其复杂，其形成机理还不完全清楚，因而成因分析法在定量方面仍存在着很大困难，目前尚不能满足工程设计的需要。

（二）数理统计法

基于水文现象具有的随机特性，可以根据概率理论，运用数理统计方法，处理长期实测所获得的水文资料，求得水文现象特征值的统计规律，为工程规划、设计提供所需的水文数据。水文学需要对未来水利工程运行时期（百年以上的时间）的水文现象做出预估，这种情况难以用确定性方法实现，只能依据已有的长期观测资料，探求其统计规律，求得工程规划设计所需要的设计水文特征值。这种方法根据过去与现在的实测资料来推算未来的变化，但它未阐明水文现象的因果关系。若将数理统计法与物理成因法结合起来运用，可望获得满意的结果。

（三）地理综合法

因气候因素和地形、地质等因素的分布具有地区特征，从而使水文现象的变化在地区的分布上也呈现出地区性的变化规律。这样就可以通过建立水文现象的地区性经验公式，或与地图结合起来绘制水文特征的等值线图来反映水文特征值的地区变化，以分析水文现象的地区特征，解释水文现象的地区分布规律，即地理综合法。

第二章　地球中水的分布与循环

水资源作为人类生产生活必需的一种自然资源，是地球上万物的命脉之源。对水资源中具有重要地位的地下水进行合理开发和科学管理，对于解决水资源短缺和维护生态环境具有积极作用。本章分为地球中水的分布、地球中水的循环、中国水资源概况、中国地下水污染防治与储量检测四部分，主要包括地球水资源的分布、中国水资源发展现状等方面的内容。

第一节　地球中水的分布

一、地球水资源的分布

地球中水的起源，存在多种假说。目前普遍接受的看法是：地球形成时便有大量的水，地球浅表的水（包括海洋、河湖的水以及地下水）主要来自地球内部。地球浅表赋存大气水、地表水、地下水、生物体及矿物中的水，以自由态水分子形式存在，它们的存在形式以液态为主，部分为固态和气态。地球浅部水量总计约为 $13.86 \times 10^{17} m^3$，其中，咸水占 97% 以上，淡水不足 3%。在淡水中，固态水（冰盖、冰川等）约占 70%，其余约 30% 是液态水。在液态淡水中，地下水约占 99%。

二、我国水资源分布

多年以来，我国黄河、长江的上游地区始终饱受水资源匮乏问题的困扰。三江源区域依靠人工降雨维系着脆弱的自然生态系统。基于起初的自然降水到后来的人工降雨，青藏高原地区的水循环系统有效运行的难度越来越高。水资源匮乏的问题对中国的影响日益扩大。

20 世纪 90 年代后，社会经济的发展速度不断加快，但对于污染的治理工作却始终缺乏足够重视。基于流域污染物数量较多以及各种人类活动、水工程等的影响，湖泊水生态系统破坏、水化学失调等问题出现频率越来越高，且日渐趋于严重化。上海是我国经济发展速度较快的城市之一，虽然水资源在其发展过程中起到了十分重要的作用，但其水质型缺水问题的影响依旧较为明显。随着各类污染物的增长速度大幅提升，上海河道污染问题日益严重化，黄浦江取水口在几十年内便进行了多次的变更。和上海的情况相类似的城市，在我国还有很多，这些城市中的人们均承受着临靠江河却无水可喝的压力。

400 mm 等降水量线将中国大陆分为南北两部分，这条线的主要作用为分割中国半干旱及半湿润区域。我国水资源的主要分布情况为北方区域占比较少、南方区域占比较大。北方区域耕地面积约为国家总耕地面积的六成以上，国土面积也为国家总面积的六成，国内生产总值（GDP）以及人口占比均约为国家总量的五成，但水资源占有量在国家总占有量却不到两成。

西部干旱地区缺水问题极为突出，该区域人口七天的生活用水总量和城市人口日均马桶用水持平，导致宁夏、甘肃内部多数区域出现贫穷问题的主要原因即水资源过于匮乏。

水资源短缺和水环境恶化已严重影响了我国经济社会的可持续发展。2012年，国务院发布《关于实行最严格水资源管理制度的意见》，明确提出，水资源开发利用控制、用水效率控制和水功能区限制纳污三条红线。其中一条红线，对我国 2012 年之后 20 年的用水总量进行了严格限制。用水总量限制红线，即到 2030 年全国用水总量控制在 7000 亿 m^3 以内。人类社会要自律式发展，要内涵式发展，尽量降低基于自然水循环取水的频率，确保排至自然水循环的水具备较高的洁净度。中国现阶段可利用的水资源约为 3.2 万亿 m^3，想要达到将总用水量控制在可利用水资源总量的 25% 左右，就需要重视确保生态用水的足量余留，有效确保自然水循环的实效性。

地下水对于民族发展、子孙后代的生存来讲均具有重要意义，相关预测显示，地下水尤其是深度较深的地下水，其大多存在了千年甚至万年。基于现阶段开采过度问题的影响，地下水水位依旧处于不断降低的过程中，对国土安全存在较大的威胁。

目前，国家已在多个省市（区）划定了地下水禁采区和限采区。基于当今时代背景下的中国仅依靠着薄弱的生态系统及匮乏的水资源为数量超过全球 20% 的人口的生产和生活提供支持。在以后的发展过程中，水资源匮乏问题依旧是中国需要关注的重点内容。

我国现阶段应用的海水淡化技术已经可以发挥出较高的实效性，但想要对其开展大范围应用，并将淡化后的海水顺利地运送至水资源严重匮乏的地区，具有的困难程度依旧较高。采取现代化的技术和工艺开展水资源调配操作，可起到一定的效果，但却并非长久之计，因此，我们需要守住红线，合理、科学地珍惜和节省每一滴水资源，这对确保人类在未来更好地生存和发展有积极影响。

第二节　地球中水的循环

一、空中水汽（水循环要素）的研究

在国外，早在20世纪50年代以前，在一些讨论气候和水文循环的论文中，就提到了大气水汽的问题。在20世纪50年代，由于探空资料等数据太少，因此关于水汽通量及水汽含量的研究只能是探索性的。从20世纪60年代开始，随着科学技术的快速发展，较高精度的探空资料为研究这一问题提供了数据支撑。1960年，研究人员里坦（Reitan）绘制了用于分析美国大陆上空各月水汽含量的分布图，并计算了水汽含量的年、月离差系数。1966年研究人员史密斯（Smith）研究了总大气可降水量与地面露点之间的关系。1971年研究人员拉斯穆森（Rasmuson）利用探空资料计算和绘制了全球和各州大陆上空水汽含量的分布和水汽输送通量场。20世纪90年代以来，随着空间技术和计算机技术的迅猛发展，学者们提出利用GPS、双通道微波辐射计、经验公式与美国国家环境预报中心（NCEP）、探空资料、地面台站的高空气象要素资料相结合的方法计算大气水汽含量。1992年学者约翰（John）等利用卫星、雷达所获取的数据，绘制了全球尺度水汽分布图。

在国内，20世纪50年代，我国与国外同时开展了对空中大气水的研究工作。樊增全等研究人员研究了华北地区上空的水汽输送特征。陈洪滨等研究人员通过计算红外太阳波段的透过率来反演大气水汽含量，结果表明：采用近红外波长反演大气水汽含量并非最佳选择。曹丽青等研究人员利用NCEP再分析资料，研究了华北地区大气中水汽含量的时空分布特征及其变化趋势。蔡英等研究人员采用1958—1997年间的NCEP再分析资料，计算了华北和西北地区东部夏季7月的各个年代整层或700 hPa以下水汽含量。杨景梅等研究人员基于地面台站及高空气象资料等数据，提出了能够反映我国大部分地区整层大气水汽含量同地面水气压以及同地面露点温度普遍关系的经验计算模式。何平等研究人员应用地基GPS反演大气水汽总量，得出了GPS反演的大气水汽总量随时间明显呈周期变化的结论。王宝鉴等研究人员采用NCEP再分析资料探讨了祁连山云和水汽含量的季节分布和变化特征。黄荣辉等研究人员利用欧洲中期天气

预报中心（ECMWF）再分析资料研究了东亚季风区的水汽输送特征。进入21世纪以来，国内的学者们由大尺度的水汽输送研究转向了侧重较小区域的水汽变化特征研究。谢安等研究人员采用NCEP再分析资料研究了中国长江中下游地区的水汽输送特征。靳立亚等研究人员利用地面站台资料和探空资料，研究了西北地区水汽含量的年际变化特征。

二、全球水循环研究

地球上大气、海洋、陆地以及冰冻圈层的自然变化影响着地球上生命的演化，这种自然变化加上人为活动的影响关系到地球系统的可持续发展，也是当今地球系统科学研究的核心问题。空间地球科学改变了地球系统科学的研究方式，使地球科学的研究从局部拓展到整体，从静态扩大到动态，从瞬时延续到未来的可持续，不断扩展人类的知识领域。

特别是面对全球变化这样的基础性和前沿性的重大科学问题，利用卫星遥感手段进行大范围、长时间、系统性的观测和研究，开展大规模地球系统数值模拟，进行地球变化过程的定量化研究，将最终为弄清楚全球变化这一影响人类生存发展的重大问题做出贡献。

此外，空间地球科学通过不断深化科学目标，对工程技术提出了新要求，将推动航天技术领域发展，推动新型空间观测仪器的技术进步；反过来，空间地球科学又从上述技术的发展中获益，提升卫星遥感在资源、环境、大气、海洋、生态、农林业、灾害监测等地球科学领域的应用水平。国际上诸多国家和机构重视对地球系统的观测、模拟以及对其变化的解译，重视空间地球科学的发展。地球观测组织（GEO）就是为了促进全球范围内地球观测的任务协调而成立的，其目标为构建一个综合、协调和可持续的地球观测系统。中国也在积极推进空间科学技术的发展，我国在中国科学院空间科学战略性先导科技专项中设置空间地球科学方向领域，就是为了促进空间地球科学基础理论、前沿技术和遥感应用研究的发展，推动空间科技在地球系统科学及相关领域的科学应用。

全球水循环相关的关键要素和过程变量包括降水、总蒸发、径流、土壤水分、海洋温度和盐度、陆表水体、冰川、积雪、冻土、海冰与冰间湖、极地冰盖冰帽、大气水汽以及地下水等。卫星遥感具备获取水循环关键要素的独特优势，可以提供空间尺度上的水分状态、运移、交换及相变过程信息，这些参量均为全球气候观测系统中涉及的基本气候变量。认识这些大时空尺度上水的状态量、通量和储量变化是研究全球变化条件下水循环过程最为关键的重要途径。

目前，国际上已经发射的气象、海洋和地球科学卫星已经对大气、海洋和陆地的若干水循环要素进行了多年测量，这些空间观测数据大大增强了科学家对全球水循环过程的认识和理解。

第三节　中国水资源概况

一、中国水资源

2019 年，全国降水量和水资源总量比多年平均值偏多，大中型水库和湖泊蓄水量总体稳定。全国用水总量比 2018 年略有增加，用水效率进一步提升，用水结构不断优化。

2019 年，全国平均降水量为 645.5 mm，比常年偏多 2.5%，比 2018 年减少 3.8%。

2019 年，全国水资源总量为 29041.0 亿 m^3，比多年平均值多 4.8%。其中，地表水资源量为 27993.3 亿 m^3，地下水资源量为 8191.5 亿 m^3，地下水与地表水资源不重复量为 1047.7 亿 m^3。

2019 年，全国 677 座大型水库和 3628 座中型水库年末蓄水总量比年初减少 91.7 亿 m^3；76 个湖泊年末蓄水总量比年初减少 28.9 亿 m^3。

2019 年，全国供水总量和用水总量均为 6021.2 亿 m^3，较 2018 年增加 5.7 亿 m^3。其中，地表水源供水量为 4982.5 亿 m^3，地下水源供水量为 934.2 亿 m^3，其他水源供水量为 104.5 亿 m^3；生活用水量为 871.7 亿 m^3，工业用水量为 1217.6 亿 m^3，农业用水量为 3682.3 亿 m^3，人工生态环境补水量为 249.6 亿 m^3。全国耗水总量为 3201.0 亿 m^3。

全国人均综合用水量为 431 m^3，万元国内生产总值（当年价）用水量为 60.8 m^3。耕地实际灌溉亩均用水量为 368 m^3，农田灌溉水有效利用系数为 0.559，万元工业增加值（当年价）用水量为 38.4 m^3，城镇人均生活用水量（含公共用水）为 225 L/d，农村居民人均生活用水量为 89 L/d。按可比价格计算，万元国内生产总值用水量和万元工业增加值用水量分别比 2018 年下降 5.7% 和 8.7%。

（一）降水量

2019 年，全国平均降水量为 645.5 mm，比常年偏多 2.5%，比 2018 年减少 3.8%。

从水资源分区看，10个水资源一级区中有6个水资源一级区降水量比多年平均值偏多，其中松花江区、西北诸河区分别多19.7%和13.8%；4个水资源一级区降水量偏少，其中淮河区、海河区分别比多年平均值少27.3%、16.0%。与2018年比较，4个水资源一级区降水量增加，其中东南诸河区增加14.8%；6个水资源一级区降水量减少，其中淮河区、海河区分别减少34.1%、16.9%。

（二）地表水资源量

2019年，全国地表水资源量为27993.3亿 m^3，折合年径流深为295.7 mm，比多年平均值偏多4.8%，比2018年增加6.4%。

从水资源分区看，松花江区、东南诸河区、西北诸河区、黄河区、珠江区、长江区地表水资源量比多年平均值偏多，其中松花江区、东南诸河区分别多49.9%和24.6%；海河区、淮河区、辽河区、西南诸河区地表水资源量比多年平均值偏少，其中海河区、淮河区、辽河区分别少51.6%、51.5%和25.1%。与2018年比较，东南诸河区、松花江区、长江区、珠江区地表水资源量增加，其中东南诸河区、松花江区分别增加64.4%和34.2%；淮河区、海河区、西南诸河区、黄河区、西北诸河区、辽河区地表水资源量减少，其中淮河区、海河区分别减少57.4%和39.9%。

（三）地下水资源量

2019年，全国地下水资源量为（矿化度≤2 g/L）8191.5亿 m^3，比多年平均值多1.6%。其中，平原区地下水资源量为1714.8亿 m^3，山丘区地下水资源量为6779.6亿 m^3，平原区与山丘区之间的重复计算量为302.9亿 m^3。

全国平原浅层地下水总补给量为1782.6亿 m^3。南方4区平原浅层地下水计算面积占全国平原区面积的9%，地下水总补给量为303.1亿 m^3；北方6区计算面积占全国平原区面积的91%，地下水总补给量为1479.5亿 m^3。其中，松花江区为380.9亿 m^3，辽河区为136.1亿 m^3，海河区为138.8亿 m^3，黄河区为151.4亿 m^3，淮河区为205.1亿 m^3，西北诸河区为467.2亿 m^3。

二、中国水资源发展现状

随着我国经济的快速发展，市场化进程加快，我国人民的生产生活用水量逐渐加大，这导致了水资源的大量流失。此外，工厂排出的废水并没有被很好地利用，也导致了水资源的浪费。根据有关报道我国有多个地方都面临着水资源短缺的风险。水资源的缺乏不仅影响人们的生产生活，也会对周围的生态环境造成影响。

（一）城市污水处理现状

随着我国经济的快速发展，越来越多的人选择去城市生活，以谋求更好的工作和生活。近年来，城市污水的处理成为城市治理的一大难题。城市污水难以处理的原因有很多，其中最重要的就是没有对城市的污水处理进行合理的规划。许多城市在发展的时候，一味地追求经济效益，并没有对城市的建设进行合理的规划，导致城市下水道的污水胡乱排放。另外，各个政府部门之间的职责不明确也会对城市污水的处理产生一定的影响。所以当前我国城市污水的处理在规划上还存在一定的阻力。

另外，城市污水的处理困难也与城市系统的排水系统单一有关。许多城市仍旧在使用以前的排水系统，但是随着经济的快速发展，旧的城市排水系统已经难以满足城市污水处理的需要，而且原始的排水系统并没有对污水中的有害物质进行有效的处理，工业生产用水的偷排也会对湖泊的水环境产生直接的影响，进而影响人们的生活用水。一般的城市在污水处理方面投入的资金较少，这也加大了城市污水处理的困难。

（二）我国水利信息化发展

现如今，我国的水利信息化发展仍然存在着大量的问题。水利信息化的进一步建设虽然为我国水利的发展提供了便捷，但是现如今的水利信息化建设仍然没有达到信息互通的目标。就供水系统来说，供水信息难以实现互通，而且水利部门没有进行系统的规划和设计也会导致水利部门重复办公，经常会造成供水线混乱、资源浪费的现象。这不仅限制了水利系统的应用范围，也导致了水利系统的效益低下，限制了水利系统信息化的发展。

所以，水利系统要对自身进行相应的改善，要紧跟时代的潮流，积极地与现代的信息技术相结合。水利系统可以引入互联网技术，为水利信息系统打造互联网智慧水利系统，实现信息的互通，这样也可以促进水利工程相关管理效率的提高。

第四节　中国地下水污染防治与储量检测

地下水是淡水的重要组成部分，占全球淡水总量的比例达到了 33%。地下水枯竭会造成海平面上升，影响自然径流，进而导致地面沉降、土地盐碱化以及地下水质量恶化等生态环境问题，严重制约区域的可持续发展。中国人口约占世界人口的 20%，而中国的淡水资源量仅占全球淡水总量的 6%，城市化和日益增长的粮食需求给中国的水资源带来了沉重的压力。

一、国内外地下水研究现状

（一）地下水超采研究现状

地下水是人类生产生活中重要的水源之一，水质相对较好。由于地下水资源补给和循环周期比较漫长，在长期过量开采地下水的地区，地下水位的持续下降会导致地面沉降、海水入侵等环境问题。因此，如何科学合理地开发和利用地下水，实现对地下水超采区域的环境保护和管理，是当前国内外学者关注的重点。

1. 国外学者的研究

国外学者对地下水超采方面的研究较多，而且已有很多研究成果。

伊朗德黑兰大学的莫塔格（Motagh）等学者研究发现地下水超采造成了伊朗的中部和东北部地区地面沉降，随着未来气候变暖还会进一步增加地面沉降的危害，同时提出有必要对地下水资源进行全面监测，而且谨慎对待和利用地下水，从而减少过度开采所带来的影响。

雷贾尼（Rejani）等学者对印度巴拉索尔沿海地区的地下水超采进行了研究。该地区由于透支地下水导致海水入侵，他们通过利用 MODFLOW 开发二维地下水运移模型，并模拟分析含水层对于不同开采方案的响应，在模型结果基础上提出了针对性管理策略——减少开采才能使地下水资源长期可持续发展。

学者明德豪（Minderhoud）研究发现地下水开采是造成越南湄公河三角洲下沉的驱动因素，他通过开发三维水文地质模型定量评估地下水过度开采所带来影响为该地区平均每年下降 1.1 cm，而该地区对于地下水的需求还在不断增加，这个下降速度在未来可能还会增加。

学者莫利纳（Molina）提出综合地下水管理方法，并应用于西班牙东南部地下水过度开采地区，从水文地质、社会经济及法律等方面来综合分析目前存在的问题，发现地下水开采的费用相比于其他水源要便宜，可以通过政策调整来激励使用其他水源代替地下水。

意大利锡耶纳大学的巴拉佐利（Barazzuoli）等学者以意大利托斯卡纳南部为研究区发现，由于当地旅游业和农业灌溉发展，过量开采地下水，引起海水入侵。他们通过建立地下水综合管理概念模型，采用 FEFLOW 数值模拟软件建立含水层的三维有限元模型，模拟结果表明沿海含水层的海水入侵基本上是由抽水灌溉引起的，同时该模型可用于定量地评估抽水量和开采井的位置对地下水含水层的影响，并为海水入侵的修复提供一定帮助。

学者马尔基（Malki）研究发现摩洛哥西南部的赫图卡（Chtouka）盆地94%的淡水资源用于农业灌溉，由于连年不断的干旱导致地下水超采，引发了海水入侵以及水污染等问题，从而影响到该地区地下水资源的质量和可持续性。而且根据资料分析，在灌溉密集的农场地下水位下降严重，他提出应该以滴灌的形式来进行节水，当节水灌溉面积到达80%以上就能有效控制地下水超采及污染物的浓度。

学者洛伦扎（Lorenzo）研究发现由于地中海地区的干旱和半干旱气候导致该地区地表水资源比较匮乏，而该地区国家的农业发展非常依赖地下水，农业灌溉造成了地下水过度开发，化肥与农药使用造成了地下水污染，而且农业用水回灌造成地下水硝酸盐污染，从而影响地下水生物种群生存。

此外，有学者对地下水超采做了大量研究工作，发现地下水过度开发导致局部气候条件发生改变，提出通过地下水回灌和降雨补给来维持地下水资源，并对其进行合理的开发和利用，尤其是在水资源短缺地区。

2. 国内学者的研究

自20世纪50年代以来，随着我国社会经济的高速发展，受到用水结构转变以及水资源开发利用条件变化等因素的影响，我国北方的很多城市不断扩大对地下水的开发利用程度，形成很多地下水严重超采区。

国内学者关于地下水超采的研究集中在地下水资源监测、开发利用、优化配置及评价等方面。例如：汪东等研究人员对我国因地下水超采而引发的城市环境灾害问题进行分析，并探讨了解决环境危机的方案和可持续发展的策略；陈锁忠等研究人员对苏锡常地区（苏州市、无锡市、常州市）地下水超采引发的环境地质问题进行了分析；王哲成等研究人员对地下水超采引起的地裂缝灾害进行了研究；于开宁等研究人员对石家庄地区地下水超采诱发的地下水盐污染机理进行了分析；丰爱平等研究人员对烟台市莱州湾南岸海水入侵发展动态进行了研究，发现地下水超采是引起海水入侵的直接原因。除此之外，一些学者还对地下水超采区划分、超采程度计算分析以及超采评价等进行研究。例如：石建省等研究人员以深层地下水开采潜力、地面沉降量及水位下降速率为指标对华北地区的地下水超采情况进行计算与分析，提出要适度控制深层地下水开采，并压缩地下水开发利用强度；贾绍凤等研究人员根据地下水位数据及含水层给水度，对海河流域平原区的浅层地下水超采量进行估算，得到超采漏斗区主要分布在山前地区且取水量较大的城市的结论。地下水超采区的划分是控制地下水超采的重要任务。地下水超采区划分根据区域地下水开采程度的不同，划分为不同的超采区及非超采区。例如：李文体等研究人员对河北平原区浅层和深层地下水超采区进行划分，并结合开采量及开采状况研究划分依据和划分方法；研究人员陶月赞和席道瑛对安徽省淮北平原进行限采规划分区，将用水公平作为衡量标准，结合地下水流数值模拟方法评价超采程度，并形成限采规划的技术方案；研究人员单兰波和汪家权对地下水超采评价研究的必要性、研究历史及发展历程和存在问题进行分析，为超采评价体系及开采规划管理提供理论依据。

国内学者主要集在对地下水超采治理进行研究，包括对超采区开展地下水资源调查与评价，并提出治理方案、措施以及政策，加强对地下水资源的监管工作。只有如此，才能有效地减少地下水超采、遏制地下水位下降和水质污染，最终使地下水达到采补平衡的状态。

（二）地下水变化特征研究现状

地下水特征要素包括水位、水量、水质及水温等。在外界因素影响下，这些要素会随着时间变化，动态反映地下水形成的径流、补给、排泄条件。因此，研究地下水动态变化特征，可以更充分、更准确地了解地下水动态变化规律，从而可以更合理、更科学地评价地下水资源，验证地下水超采治理效果。气候、水文等自然条件变化及人类活动等都是影响地下水变化的重要因素。因此，国内外很多学者对地下水动态变化特征及影响因素进行了研究。

国外学者很早就对地下水变化特征进行了研究。例如：1978 年苏联学者普罗森科夫（Prosenkov）对莫斯科盆地中部地区的地下水动态变化的特征进行研究；学者海顿（Hayton）通过分析地下水动态变化，提出应该将地下水动态控制作为水资源管理要求与政策制定目标；皮奈（Pinay）等学者通过分析法国西南部加隆（Garonne）河流洪泛区的地下含水层的硝酸盐浓度动态变化，提出应该通过控制河流湿地的点源污染来保护地下水资源。早期的研究主要是认识地下水动态变化，研究方法相对简单。到 2000 年前后，研究的重点集中在人类活动和气候变化对地下水动态的影响程度上。例如：斯坎隆（Scanlon）等学者发现由于人类活动引起农业生态系统产生变化，从而影响地下水补给及水质；辛格（Singh）等学者主要对印度的西北部旁遮普地区，采用遥感和地理信息系统（GIS）评估土地利用变化对地下水水质的影响；麦卡伦（Mecallum）等学者研究了澳大利亚地区的气候变化对地下水补给的影响，并分析气候变化对地下水补给的敏感度；马赫斯瓦兰（Maheswaran）等学者对加拿大阿尔伯塔地区的地下水位动态变化及水位对气候变化的敏感度进行了分析研究；格林（Green）等学者在气候变化对地下水的影响方面做了很多研究，并提出在全球气候变化的背景下，需要更加谨慎地管理和开发地下水资源。

国内对于地下水动态特征变化方面的研究相对较晚，从20世纪50年代开始才逐步建立一些长期地下水观测站点。直到20世纪70年代后期，经过水文地质调查和观测数据的积累，才有学者逐步开始研究分析地下水动态变化。例如：学者辛奎德根据地下水化学的分析结果，进一步研究地下水的活动规律和地下水的形成历史；学者刘光祖对民勤西沙窝地区地下水的水位、水化学成分、矿化度和硬度的动态变化开展了研究；学者王积心研究分析了季节冻土区沙丘及其前沿农田地下水的动态和土在冻融过程中水分变化规律。到21世纪后，随着信息技术的发展，人们对地下水动态变化特征的研究更加深入，更加侧重定量与定性相结合研究。例如：廖资生等研究人员研究分析了松嫩盆地的地下水化学变化特征和水质变化规律，并提出利用松花江水开展地下水人工回灌来保护和改良地下水水质；研究人员方燕娜以吉林中部平原为研究区，分析了该地区的地下水位动态，提出在无明确区域地下水位降落漏斗情况下，如何判定地下水超采的方法；张光辉等研究人员通过对河北平原的地下水补给量、降水量及农业开采量动态变化规律及其相关关系开展研究，提出要重视干旱年份对地下水的影响，并提出一些应对措施；刘志国等研究人员利用地质统计学方法，研究了河北省地下水水位时空变化规律，结果表明河北省地下水位呈现下降趋势；马兴旺等研究人员将土地利用作为影响因子，利用GIS和FEFLOW软件模拟计算地下水矿化度，结果证明土地利用对地下水矿化度产生一定影响，而且以目前的模式发展下去，会导致地下水矿化度持续上升，并加重土地盐碱化程度，最终影响土地的质量；刘文杰等研究人员利用传统的统计学分析方法，研究民勤地区地下水化学特征及矿化度时空变化规律，研究发现单一的节水措施并没有明显改善地下水环境，而生态补水工程的实施能有效改善地下水生态环境；张盼等研究人员运用时间序列模型研究分析了长武塬区地下水位动态变化特征，并建立了地下水位动态模拟和预测模型，为该区域地下水的开发利用提供了科学依据；张喜风等研究人员结合遥感与地统计学方法，研究分析了敦煌绿洲土地利用变化对地下水位时空变化的影响，结果表明土地利用变化与地下水时空变化存在一定的响应关系。

二、中国地下水污染防治

（一）地下水污染防治热点事件

2013 年 2 月，有网民反映山东省潍坊市某企业将污水通过管井高压注入了地下 1000 m 的含水层，污染了地下水，该事件在网上引起了广泛的舆论关注。事件发生后，有学者在《科学》中发文提出，该事件应该成为中国地下水污染防治的“拉夫运河时刻”，进而推出更完善的法律措施保护地下水不受污染。

2016 年 4 月，江苏省常州市发生了“毒地事件”，常州外国语学校搬入新校址后，大批学生出现身体不适状况，近 500 名学生检出皮炎、血液指标异常等，个别学生还查出淋巴癌、白血病等。经检测，该校区地下水、空气均检出污染物，而该学校附近曾有几家化工厂向周围排放了很多有毒物质，该事件被媒体称为“常州版拉夫运河案”。

2019 年 11 月，宁夏回族自治区中卫市腾格里沙漠边缘位置出现了大面积的污染问题，污染物为造纸废液，污染时间长达 20 年，而且污染场地紧邻宁夏沙坡头国家级自然保护区。

这些土壤与地下水污染的热点事件在国内引起了广泛关注。

（二）相关法律法规出台情况

自 2013 年山东省潍坊市地下水污染事件后，我国相继发布并实施了《水污染防治行动计划》和《土壤污染防治行动计划》，其中《水污染防治行动计划》中专门提到了严控地下水超采和防治地下水污染的实施措施，《土壤污染防治行动计划》有 4 处提到了地下水污染防治。

2019 年 1 月 1 日，我国正式实施了《中华人民共和国土壤污染防治法》，其中有 8 处提到了地下水污染防治的内容；2019 年 5 月生态环境部、自然资源部等五部门联合印发了《地下水污染防治方案》；2020 年 6 月国务院将《地下水管理条例》列入了国家立法工作计划，表明诸多地下水污染热点事件以及地下水污染严重性已经在促进我国相关法律法规的完善，我国地下水污染防治工作进入了关键的“拉夫运河时刻”。

（三）地下水污染防治超级基金制度的建立

1. 地下水污染防治资金缺乏制度保障

我国国家层面关于地下水环境保护方面的已有的基本法律包括《中华人民共和国水污染防治法》（以下简称《水污染防治法》）、《中华人民共和国环境保护法》（以下简称《环境保护法》）和《中华人民共和国水法》（以下简称《水法》）。这些基本法中都没有明确水污染防治的资金来源。《水污染防治法》制定于1984年，是我国针对水污染防治方面的专门法律，后经3次修订，在我国水生态环境保护方面发挥了重大作用。2017年最新修订的《水污染防治法》中有12次提到了地下水，但关于地下水污染防治仍然存在不足：第一，污染地块的责任认定存在法律盲区，导致责任认定过程需要耗费时间；第二，即使明确了责任方，如果责任方无力承担治理的费用，则场地的治理修复工作就会存在因为无钱治理而被搁置的可能性；第三，对于某些企业来说，惩罚力度小、违法成本低。2014年最新修订的《环境保护法》全文中都没有提到地下水，涉及地下水的内容模糊不清。2016年最新修订的《水法》中，有12处提到了地下水，但都是关于控制地下水水位和超采的内容。《全国地下水污染防治规划》（2011—2020）和《地下水污染防治实施方案》（2019—2035），虽然都提到了投资估算和加大资金投入，但是涉及的具体资金来源仍然不清。此外，财政部每年投入的水专项资金并不稳定，社会参与的资本比较少，导致目前相关的水污染防治项目并不能全部如期实施。由于缺乏完善的环境管理法规和多元化的环境保护融资机制，我国环境保护资金的投入额占全国GDP的比例一直持续低于1.5%，而只有当这个比例高于2%时，才能改善环境质量。

2. 土壤污染防治基金建设的重要启示

土壤带是地表污染物进入地下水的关键通道，在地下水污染防治过程中具有重要的地位，但我国土壤环境的总体状况比较严峻。《中华人民共和国土壤污染防治法》第71条提到建立土壤污染防治基金制度，第59条规定国家实行建设用地土壤污染风险管控和修复名录制度，这和美国《超级基金法》的超级基金制度和国家优先污染场地治理名录基本相同。为规范土壤污染防治基金的资金筹集、管理和使用，2020年1月21日，财政部、生态环境部等六部门联合印发了《土壤污染防治基金管理办法》，其中提到了基金的资金来源、运作方式和主要用途等。这意味着我国土壤与地下水污染防治将很快会拥有自己的“超级基金制度”。

然而，土壤的污染防治不等同于地下水的污染防治，虽然土壤的污染防治可以预防地表污染物进入地下水中，但是针对某些污染源以特殊通道（如管井注入、场地渗漏、天窗等）进入含水层污染地下水的问题，还有已经被历史原因普遍污染的地下水，这些污染的修复治理资金应该从何而来，仍然是一个悬而未决的问题。地下水污染具有隐蔽性、复杂性和难以修复性，因此为了全面推进我国地下水的污染防治工作，我国应该借鉴美国已实施的《超级基金法》的成功经验，专门建立地下水污染防治的超级基金制度和更严格的地下水污染防治法，对于那些责任难认定或责任方无力承担修复治理的地下水污染问题，可以采用超级基金施行“先治理，后追责”的治理措施。

3. 建立地下水污染防治的专项超级基金制度

我国现有关于地下水污染防治的基本性法律都没有对地下水污染防治的资金来源做出明确说明，导致地下水污染防治工作的开展缺乏资金保障。为保障地下水污染防治工作的稳定推进，我国应该建立地下水污染防治的专项基金制度。美国《超级基金法》在实施过程中存在缺陷，因此我们应该吸取历史经验教训，借鉴其中的有利部分。

（1）积极拓宽超级基金的资金来源

超级基金的资金来源除了固定的中央及地方财政专项拨款以外，还应该包括企业环境税费、污染场地的追回费用、罚款等，同时要发挥市场作用，通过优惠政策等方式鼓励社会资本参与，以市场化手段运营和管理基金，建立多元化的基金融资模式。美国环境税的征收对象是年收入高于200万美元的企业，但是对于年收入在200万美元以上且基本不排污的企业来说，这显然打击了其生产经营的积极性，同时对于年收入在200万美元以下且严重排污的企业来说，却使它们逃脱了应有的法律制裁。

因此，我们在征收环境税时，不能采取“一刀切”的方式，不仅要考虑企业行业类型或排污的可能性大小，还要考虑企业的中长期发展。为减少污染物排放和推进生态文明建设，我国自2018年1月1日起，已经正式施行了《中华人民共和国环境保护税法》，环境税的计税主要是根据不同污染物排放量折合的污染当量数确定的，但是对于环境税的具体用途该法并没有做出明确说明。针对造成地下水污染可能性大的企业所收取的环境税，有必要进一步明确环境税的重点用途，可将其纳入地下水污染防治的专项超级基金当中。在向已经产生污染的企业收取场地治理费用时，要酌情考虑企业的经济负担，寻找既利于环境修复，又利于企业长期发展的解决方法。如果环境税对企业运行造成的经济负担过大，则可以考虑通过收取环境污染保证金的措施，如果监管企业在考察年限内给环境确实造成了污染，这笔资金就应纳入地下水污染防治的超级基金里面。

（2）科学管理、监督基金使用过程

在基金管理方面，尽可能减少管理费用的支出，避免因管理费用过高而导致污染场地治理费用偏低的问题。在基金支出过程中，赋予环保部门"执行优先"和"先治理，后追责"的高度自主权利的同时，要建立基金使用全过程的监管制度，避免基金的实施成本过高和滋生权力腐败。美国超级基金在运行过程中，就因为环保机构的权利过大，导致基金使用过程缺乏对成本的控制，使污染场地治理费用偏高。为保障污染场地最大限度地得到治理并得到社会公众的广泛认可，对超级基金治理场地的效果要通过建立完善的评价指标进行严格评价，如果效果与预期目标差距明显或污染指标没有被完全去除，则应该追究相关当事人的法律责任。

（3）建立国家优先治理的地下水污染场地清单

我国《地下水污染防治实施方案》中已经提到建立地下水污染场地清单并开展修复试点，这部分可以逐渐发展为"国家优先治理地下水污染场地名录"。国家环境保护部门要采取科学的调查评估程序，建立名录。超级基金的使用对象应重点针对名录里面的场地。

在地下水污染场地的治理过程中，对于污染责任人不清或暂时无力承担治理费用的情况，超级基金可以优先支付名录里面的场地治理费用，直至场地修复完成。由于非常严格的治理标准及责任，美国每个污染地块的修复治理时间和成本都比较多，平均时间为 12 年，治理费用为 0.25 亿美元，因此在提高治理效率的同时，要注意加强治理标准的严格管控。为避免垫付资金亏空过大和无法追回的风险，应该建立相关的风险保障措施。对于历史遗留的污染地块和历史时期造成污染的企业，应该在一定限度内追溯其法律责任和令其承担治理费用。

三、中国地下水储量检测进展——基于 GRACE 卫星数据

我国许多地区通过开采地下水来弥补日益增长的用水需求，如黑河流域中游地区 1983—2000 年地下水开采量逐年增大，华北平原 2000 年地下水开采量占当地水资源利用量的比例超过了 70%。近年来，中国局部地区地下水储量迅速下降导致的地下水枯竭已成为威胁国家水资源安全的主要因素。因此，有效监测中国地下水储量的变化是地理学、水文学和可持续科学的研究重点，也是实现区域水资源管理的重要依据。

监测地下水储量变化的传统方法主要是利用监测井布点测量，这种方法对监测点的个数以及其代表性要求较高，同时需要耗费大量人力完成选点和布点等前期工作，受限于客观条件，难以准确反映区域地下水储量变化情况。水文模型在地下水储量变化监测中也有广泛应用，但其容易忽略水文过程的复杂性，

导致监测结果不准确。利用重力场恢复与气候实验卫星反演地下水为大尺度监测地下水储量变化提供了有效途径。GRACE 卫星可以通过感应地球质量局部改变引起的微小引力变化来监测区域内陆地总水储量的变化，进一步结合水文模型的输出数据，可以监测出地下水层水储量的变化情况。GRACE 卫星有效解决了地面测量中数据匮乏、费时耗力等问题，为监测地下水储量变化提供了有效的途径。为此，综述基于 GRACE 卫星的中国地下水储量变化监测研究进展对开展高效可靠的地下水储量监测工作十分必要。

目前，已有学者对 GRACE 卫星数据在地下水储量监测中的相关进展进行了综述。内容包括 GRACE 数据及监测原理、基于 GRACE 数据在地下水储量监测中的应用、监测方法以及监测结果与发现。例如：江（Jiang）等研究人员在此基础上介绍了 GRACE 卫星的科学数据集，并介绍了近年来 GRACE 卫星数据在全球大尺度地下水储量监测中的应用；胡立堂等研究人员总结了 GRACE 卫星在区域地下水储量变化中的国内外应用实例，分析了其在区域地下水储量动态评价中的应用潜力；郑秋月等研究人员综述了 GRACE 卫星数据的处理方法以及国内外基于该数据监测地下水储量变化的研究进展；丰（Feng）等研究人员利用 GRACE 卫星数据，对中国三大含水层的地下水储量变化结果进行了综述；但是已有综述主要在全球背景下对 GRACE 卫星的地下水储量监测进展进行总结分析，聚焦在中国范围内的相关综述仍比较缺乏。同时，已有综述以定性概括为主，缺少文献定量分析。

为此，首先，笔者运用文献计量分析方法，分析了近年来基于 GRACE 卫星数据监测中国地下水储量变化的研究趋势和特点。其次，笔者在分析监测原理和数据情况的基础上，阐述了基于 GRACE 卫星反演中国地下水储量变化的基本原理、方法和不确定性。最后，笔者主要从趋势精度和结果等方面总结了基于 GRACE 卫星监测中国地下水储量变化的具体进展，以期为相关研究提供借鉴和参考。

（一）GRACE 卫星重力监测原理和数据情况

GRACE 卫星是美国国家航空航天局和德国航空航天中心（DLR）的合作项目。GRACE 卫星于 2002 年 3 月 17 日发射，由两颗相同的卫星组成，初始运行高度约 500 km。GRACE 卫星通过跟踪季节变化、气候过程、地震以及人类活动中水、冰和固体地球在地球表面或近地表移动的过程来测量地球重力场的变化。

GRACE 双星都配备了星载摄像机和加速度仪，通过高轨 GPS 接收机和微波测距系统测量卫星的位置和速度，距离改变反映了地球重力场的变化。从长期来看，GRACE 卫星监测的地球重力场变化反映了固体地球的质量变化，而在较短的时间尺度上，地球质量的改变主要是由水在地球表面不断重新分布造成的。

GRACE 卫星可以通过感应地球质量局部改变引起的微小引力变化来监测区域内陆地总水储量的变化。当两颗卫星绕着地球运行时，重力异常区会先后影响前位卫星和尾随卫星，地球质量的变化会引起两星间微小的加速和减速，改变它们之间的距离。为了测量这个不断变化的距离，GRACE 双星不断向彼此发射微波脉冲，并对返回信号的到达时间进行计时。将测距数据与高轨 GPS 定时跟踪、星迹追踪器的姿态信息以及加速度仪的非引力效应相结合，可以反演出地球重力场随时间的变化，并转化为以等效水柱高的形式表示的陆地总水储量变化。

GRACE 卫星数据的处理、分发与管理由美国宇航局喷气推进实验室（JPL）、德国地学研究中心（GFZ）和美国得克萨斯大学空间研究中心（CSR）共同负责。GRACE 卫星科学数据系统是一个分布式系统，分布于 CSR、JPL 和 GFZ，承担解算地球重力场模型的任务。GRACE 卫星数据产品包括以下几个级别，分别为 Level-0、Level-1A、Level-1B 和 Level-2。原始数据将由 DLR 的遥感数据中心进行收集和归档，经过校准和时间标记后提供给 JPL 和 GFZ，用于编制 1 级数据产品。1 级数据被提供给 CSR 和 GFZ 并被其处理为 2 级数据产品。

其中，Level-0 与 Level-1A 不公布给公众，经验证后，所有 Level-2 和随附的 Level-1B 产品通过美国 JPL 的物理海洋学分布式存档中心和德国 GFZ 的信息系统和数据中心这两个网站向公众发布。为了方便研究质量异常（如水层）的用户，一些团队提供了 3 级数据产品。Level-3 数据是在 Level-2 数据的基础上经地球物理校正后生成的。

（二）GRACE 卫星反演地下水储量变化的基本方法

1. 基于水量平衡原理估算地下水储量变化

许多研究表明从 GRACE 卫星数据中可以成功地分离出陆地总水储量中的地下水组分。GRACE 卫星监测的垂直水层水储量变化包括了地表水（湖泊和河流）、土壤水、地下水和雪水。水量平衡原理是监测地下水储量变化的基础，在地表水文过程相对简单的干旱或半干旱地区，将 GRACE 卫星观测到的陆地总水储量变化减去雪水当量、地表水和土壤水的变化量后，每月的地下水储量变化即可表示为蓄水平衡的剩余量。首先，结合原位观测数据、水文模型以及陆地表面模型输出的其他水层数据，然后构建一个水量平衡模型以估计区域地下水储量变化特征。参考水量平衡方程：

$$\Delta GWS=\Delta TWS-\Delta SWS-\Delta SMS-\Delta SN$$

式中：GWS 为地下水储量，TWS 为陆地总水储量，SWS 为地表水储量，SMS 为土壤含水量，SN 为雪水当量。水量平衡原理的运用非常广泛，有研究人员根据 2003—2010 年的 GRACE 卫星数据和地面测量数据，基于水量平衡法估算了华北地区地下水储量的变化，监测结果与同一时期监测井站估计的结果一致。有研究人员利用水量平衡法估算了 2005—2011 年辽河西部地下水储量的变化，评估了该地区地下水枯竭状况。还有研究人员依据水量平衡原理，通过时间稳定性分析确定了 2003—2016 年黄河流域地下水波动的热点区和代表性监测区域。

2. 基于 GRACE 卫星数据校准水文模型

在水文过程复杂的区域，基于水量平衡原理直接得到的地下水储量变化存在较大误差，为此，需要进一步结合水文模型来提高监测精度。水文模型能够为水资源管理提供决策支持，但是仅靠水文模型模拟区域地下水储量变化存在限制，主要是因为水文模型容易受到结构和参数不确定性的影响，在概念化、数据收集、模型开发和模型不确定性分析的各个步骤间需要不断进行迭代与反馈，难以在建模目标改变的情况下模拟出良好的结果。因此，利用 GRACE 卫星数据校准水文模型为区域地下水储量估计提供了一条新的途径。该方法是在水量平衡原理的基础上，从 GRACE 卫星估计的陆地总水储量变化中分离出地下水储量变化数据，然后再将其转换为模型参数输入水文模型中，进一步得到校准后的地下水储量变化数据。根据 GRACE 卫星数据对水文模型进行校准的评估方法已有非常广泛的应用，如胡（Hu）等研究人员采用 FEFLOW 对中国柴达木盆地 2003—2013 年地下水储量变化进行了分析。FEELOW 是一种有限单元三维地下水建模系统，广泛应用于地下水水量及水质模拟。FEELOW 模型的校准需要大量的观测井数据，这在实测地下水井数据有限的地区难以实现，于是研究采用 GRACE 卫星数据对其进行校准。首先将每个月基于 GRACE 卫星数据得到的地下水储量变化 ΔGWS 转换为网格上的水头 h_g，作为观测数据对 FEELOW 模型进行标定，估算含水层的水力导率。在每个网格中，将 ΔGWS 转化为含水层水头 h_g 减去研究时间段内的平均水头 h_{avg}。

$$h_g=h_{avg}+\Delta GWS/S_y$$

式中：h_g 为 GRACE 卫星数据转换的水头，作为观测水头与模拟水头进行比较；

S_y 为单位产量；h_{avg} 是液压头的平均值。最后，通过自动参数估计的 PEST 软件完成模型校准，可以进一步模拟得到区域地下水量变化结果。研究表明，这种方法在干旱的柴达木盆地含水层具有良好的适应性。

3. GRACE 卫星数据与水文模型数据同化

为了减小水文模型估计区域地下水储量变化的不确定性，提高模拟可靠性，还可以利用 GRACE 卫星数据估计的陆地总水储量变化对水文模型进行数据同化处理。GRACE 卫星数据同化过程通常基于一个合适的实现工具发展成一个特定的地表模型或水文模型，考虑 GRACE 卫星数据空间协方差，不断更新模型状态和参数，将 GRACE 卫星数据的陆地水储量变化同化到模型中。GRACE 卫星数据同化具有操作简单、效果良好以及易于实现等优点，在区域地下水储量监测中应用十分广泛。

例如，有学者以华北平原为例，将 GRACE 卫星所产生的陆地总水储量变化同化到 PCR-GLOBWB 水文模型中，从时间相关性、季节性、长期趋势和地下水枯竭探测等方面分析了区域地下水储量变化。PCR-GLOBWB 模拟了水循环各种通量的时空连续场，如蒸发、径流、地下水补给以及人类用水。采用 Enscape 3D 模型将 GRACE 卫星的观测结果同化到 PCR-GLOBWB 模型中。通过将 4 种地表和水文模型输出的地下水储量变化、数据同化后的估计结果与实测地下水数据进行对比，发现 GRACE 卫星数据优化了 PCR-GLOBWB 模型中人类因素对地下水储量估计造成的不确定性，数据同化后能够显著提高华北平原地下水储量变化的评价精度。

（三）GRACE 卫星监测结果验证和不确定性分析

对 GRACE 卫星监测的地下水储量变化结果进行验证的数据主要包括实测地下水位数据和地下水模型模拟结果。通过地下水位观测井数据进行结果验证具有验证数据易获取、验证方法简便以及结果直观的优势。然而，地下水位观测井数据在验证 GRACE 卫星的估计结果时也存在几点不足。首先，GRACE 卫星数据的空间分辨率远低于地下水位观测井数据。其次，地下水位观测井主要反映浅层地下水变化趋势，而 GRACE 卫星的估计结果为总地下水储量变化。此外，部分地区还存在地下水位观测井分布不均、代表性不足的问题。基于这些原因，许多学者通过定性对比验证基于 GRACE 卫星监测地下水储量变化结果的可靠性。

例如，曹艳萍等研究人员验证 GRACE 卫星数据反演 2003—2008 年黑河流域地下水变化结果时结合实测地下水位数据，在季节尺度与年际尺度上做线性趋势线，分析了峰谷值一致性。霍（Huo）等研究人员在分析黄土地区2002—2014年地下水存储量的变化时，对比验证了银川两个监测井及同位置GRACE卫星监测结果的地下水变化趋势。在定性分析的基础上，部分学者通过精度验证和相关分析等方法定量比较了地下水位观测井数据与GRACE卫星数据的监测结果：有学者基于海河流域2005—2009年实测地下水位数据对GRACE卫星数据反演的地下水储量变化结果进行了精度验证，二者年尺度上的相关系数达0.804；还有学者在华北平原开展的研究中，通过相关分析对比了基于GRACE卫星的监测结果与实测地下水数据，二者相关系数为0.84。

考虑到地下水位观测井数据只能反映浅层地下水储量变化，有学者进一步将基于GRACE卫星数据的监测结果与地下水模型的模拟结果进行对比分析。例如，冯伟等研究华北平原2002—2008年地下水储量变化时，基于MODFLOW和MIKE SHE地下水建模软件构建了区域地下水模型，并用实测水井数据校准模型，然后利用模型模拟结果对GRACE卫星的监测结果进行验证，验证过程中对比了GRACE卫星估计结果与区域地下水模型输出结果的空间分布与总体趋势项，发现二者吻合较好。李婉秋等研究人员验证关中地区2003—2014年地下水储量变化时，对比了WGHM模型与GRACE卫星估计的地下水储量变化结果，发现二者时空分布趋势一致。

基于GRACE卫星数据监测中国地下水储量变化时的不确定性主要源于GRACE卫星数据本身、GRACE卫星数据后处理误差与其他水层数据3个部分。

GRACE卫星数据本身存在一定的不确定性。由于GRACE卫星的轨道倾角较高，其重力场低阶项C_{20}敏感度较低，所以GRACE卫星数据的C_{20}项精度较低。为此，许多研究利用卫星激光测距观测的C_{20}项替换了GRACE卫星原始的C_{20}项，减小了C_{20}项带来的不确定性。偶然因素也会影响GRACE卫星部分月份数据的精度。为了排除偶然因素对地下水储量监测结果的影响，李杰等研究人员对GRACE卫星数据时间序列进行月趋势项和平均值剔除，孙倩等研究人员采用三点滑动平均法消除了季节内的随机波动。此外，GRACE卫星数据还存在部分月份数据缺失的情况，对此，学者采用线性插值方法得到连续时间序列，或者取相邻数据的平均值替代缺失值。

GRACE卫星数据的不确定性还源于数据后处理过程产生的误差。GRACE卫星数据时变重力场系数只能展开到有限阶次，对其进行截断会存在一定的截断误差。同时GRACE卫星数据重力场系数的误差随阶数增大而增大，其高阶项也存在误差。为了减小高阶项误差，有学者采用高斯滤波降低高阶球谐系数的噪声，或者采用组合滤波法，用扇形滤波处理GRACE卫星数据高阶高次项位系数，同时利用去相关滤波滤除高次项间的奇偶阶相关性误差。但是，截断高阶球谐系数和滤波处理会造成研究区内的信号衰减，即泄露误差。目前，减小泄露误差的方法主要有 3 种，分别是尺度因子法、正演模拟法以及空间约束法。尺度因子法需要基于水文模型估计泄露影响，比较 GRACE 卫星数据处理前后研究区域内水文信号的衰减比例，然后估计一个尺度因子，以此衡量研究区域内 GRACE 卫星数据后处理导致的衰减幅度。正演模拟法是通过不断迭代对 GRACE 卫星数据估计的质量变化进行修正，减弱信号的损失程度，提高 GRACE 卫星数据的反演精度。此外，还可以结合信号源所在位置的先验信息，通过空间约束法恢复真实信号并估计区域质量变化。

其他水层数据的不确定性也会对 GRACE 卫星数据的反演结果造成影响。首先，用于量化其他水层数据的水文模型本身存在不确定性。因模型参数设置差异，不同水文模型输出的其他含水层数据也有所不同。其次，在许多研究中，土壤含水量数据由 GLDAS-NOAH 模型输出，而在 NOAH 模型中只考虑了 4 层土壤水量，仅包含地表下 2 m 的土壤水量。最后，由于许多地区地表水文过程较为复杂且地表水数据缺乏，许多研究计算所得的地表水储量变化与实际值往往相差较大。为减小计算地表水数据过程中的不确定性，周志才等研究人员基于 GRACE 卫星数据、GLDAS 数据以及实测地下水位数据，通过区域概化和反距离加权的空间插值的方法计算了地表水的变化。

（四）基于 GRACE 卫星的地下水储量监测

从监测趋势看，已有学者利用 GRACE 卫星在不同尺度上监测了中国地下水储量变化。在全国尺度上，有学者将中国分成 16 个流域，综合估算了 2003—2014 年各流域地下水储量变化。在区域尺度上，基于 GRACE 卫星数据监测地下水储量变化的研究区主要分布在黑龙江流域、海河流域、黄河流域以及河西走廊——阿拉善内流区等流域。其中，位于海河流域的华北平原是研究中国地下水储量变化的热点区域。在局地尺度上，有学者基于 GRACE 卫星数据推导出了 2007—2010 年北京地下水变化趋势，研究了地表沉降与地下水变化的关系；还有学者以巴丹吉林沙漠为例，评估了区域地下水储量变化和湖泊水位的关系。

从监测精度上看，基于 GRACE 卫星数据得到的中国地下水储量的变化与实测地下水井反映的趋势基本一致，二者定量对比的相关系数均高于 0.6。

同时，不同研究在同一地区的监测精度也存在差异。这种差异可能是由估计时段、数据以及反演方法等的不同造成的。

从监测结果上看，中国地下水储量变化存在明显的空间差异。在流域尺度上，地下水储量减少的区域主要集中在海河流域、黑龙江流域、黄河流域以及河西走廊——阿拉善内流区。其中，华北平原、黄土高原和黑河流域的地下水储量明显减少，这 3 个地区的地下水等效水高变化率均超过了 −20 mm/a。华北平原的地下水枯竭问题最严重。冯伟等研究人员的研究表明，华北平原 2002—2014 年地下水亏损速率达（−7.4 ± 0.9）km^3/a，相当于（56 ± 6）mm/a 等效水高的质量亏损。浅层地下水储量下降主要分布在太行山山前地区，深层地下水储量下降主要分布在河北省中部平原地区。地下水储量呈增加趋势的流域主要有柴达木内流区和长江流域。

（五）地下水资源的主要挑战和未来展望

当前，基于 GRACE 卫星数据监测中国地下水储量变化仍然面临挑战。

首先，GRACE 卫星数据的粗空间分辨率是学者开展中国地下水储量变化研究中面临的重要挑战。受制于 GRACE 卫星的观测高度以及轨道确定误差，GRACE 卫星数据的空间分辨率较低，不适用于小尺度地下水储量变化监测，也难以分区域精确量化地下水储量变化。根据学者斯文森（Swenson）的研究，基于 GRACE 卫星数据计算陆地水储量周年变化，其结果精度与研究区面积有关。

GRACE 卫星数据适用于 20 万 km^2 以上的研究区，当区域面积大于 40 万 km^2 时，GRACE 卫星数据的估计精度可达到 0.7 cm；当区域面积为 390 万 km^2 或更大时，其精度可达到 0.5 cm。目前，基于 GRACE 卫星数据在中国地下水研究中的应用主要集中在中小尺度上，如华北平原、科尔沁沙地和黑河流域等，大部分研究区的面积均小于 20 万 km^2。这不可避免地会影响区域地下水储量变化的监测精度。尽管如此，在多数缺乏实测地下水数据的地区，基于 GRACE 卫星数据的地下水储量变化监测可以与传统监测手段反映的小尺度地下水变化互相补充，对于提高区域地下水监测精度、实现高效的地下水资源管理具有重要的参考价值。

其次，GRACE 卫星数据的不确定性也会影响监测精度。GRACE 卫星数据的不确定性主要源于 GRACE 卫星数据产品与处理方法，以及其他水层数据。同时，基于不同数据处理方法得到的地下水储量变化的空间格局也有所不同。

此外，其他水层数据的选择也会在一定程度上影响监测结果的准确性。垂直水层中地下水以外水层的水储量变化数据主要源于陆表模型，而这些数据在预测与模拟中的不确定性会直接影响地下水储量的变化，进而对监测结果造成影响。在监测结果验证中，现场实测数据选择中监测网的覆盖程度及其布点分布位置的考虑也会影响监测结果与实测数据的相关性，进而影响监测精度。

因此，未来基于GRACE卫星数据的中国地下水储量变化监测还有较大的提升空间。首先，使用精度更高的GRACE卫星数据有助于提高地下水储量变化的监测精度。2018年5月GRACE-FO开始替代GRACE。相比于GRACE数据，GRACE-FO的测距方式从微波测距换成了激光测距，当微波仪器测量两星之间的距离变化时，激光系统可以提供两星之间的角度信息。再加上分离测量精度的提高，以及科学数据系统的进步，这些改进将使GRACE-FO卫星能够在更小的尺度上感知地球重力场的变化，实现对地球重力的精确监测。使用GRACE-FO卫星数据时，需要考虑与GRACE卫星数据的一致性，对其进行拟合校正，保证数据的可靠性。在此基础上，进一步开发关键重力卫星传感器技术，可以提高GRACE卫星对地球重力场变化监测的准确性。其次，结合GRACE卫星数据与合成孔径雷达干涉测量数据、GPS数据、地下水储量实测数据以及区域地面沉降情况分析地下水储量变化趋势并加以验证，将提高GRACE卫星监测地下水储量变化的可靠性。在应用方面，应基于GRACE卫星在多个尺度监测地下水储量变化特征，结合社会经济数据分析城市化与地下水储量变化的关系，识别不同地区城市化过程对地下水储量的影响，为促进区域可持续发展提供支持。

第三章　地下水的分类与赋存

地下水是重要的生态环境因子。地下水资源量变化是自然因素与人为因素共同作用的结果，不同因素对地下水各补给项的影响程度不同。气候变化影响降水量与径流量，即影响地下水天然补给量，也影响地表水体转化补给量。人类活动改变了下垫面条件、改变了地表水空间分布格局，主要影响地表水体转化补给量。本章分为影响地下水的因素、地下水的常见类型、现代地下水的赋存三部分，主要有气候变化、花岗岩类孔隙水、岩性对地下水贮存的影响等内容。

第一节　影响地下水的因素

一、气候变化

当今全球水资源面临着高度匮乏与严重短缺的挑战，水安全管理方面的重大问题日益突出。在全球气候变暖的背景下，水资源的时空分布特征产生了明显变化，其对水资源的影响逐渐开始被世界各国的研究机构和学者所关注。随着科学技术的发展，国内外学者对气候变化下水资源的演变规律的研究也变得更为深入。

（一）国外学者的研究

在人类活动强烈干扰地下水环境之前，学者研究的重点主要是考虑天然状态下地下水资源的变化特征，其中研究最多的是气候条件影响下的地下水资源变化情况，当时的地下水水位及水量等指标主要受气候因素影响。很多学者都对气候变化下的地下水环境演化进行了研究：贝茨（Bates）等学者研究了气温、降水等气候因子对地下水系统的显著影响；有学者提出了一种基于物理学的方法，研究了两种气候变化下地下水补给的时间和空间的变化趋势；弗格森（Ferguson）等学者研究了气候变化对加拿大地下水的影响，地下水位与气候变化存在 2 年的滞后周期；曼迪西诺（Mendicino）等学者提出采用地下水资源指数（GRI）作为监测和预报气候变化的工具；艾伦（Allen）等学者研究发现在加拿大南部平原地区，河流对地下水的补给效果较明显，大气降水对地下水的补给较少；坎德拉（Candela）等学者提出一种基于气温和降水的大气环流模式（GCM）与地下水的耦合，模拟了不同温度气体排放下的地下水的变化。

（二）国内学者的研究

20 世纪 80 年代，我国开始致力于气候变化对水资源影响的研究，相比地表水而言，地下水水文过程更加复杂多变，对气候变化响应的迟滞效应更加明显，因此气候变化对地下水系统的影响是目前研究的一个新方向。

目前，研究气候变化下地下水的动态变化规律主要有以下 2 种方法：一种是通过对研究区长序列的地下水位和降水、蒸发、气温等观测数据进行趋势分析，建立地下水与各气候要素之间的相关关系，利用该相关关系对不同气候情景下的地下水变化规律进行分析；另一种是构建研究区地下水数值模拟模型，对不同气候情景下的降水、蒸发、气温等数据进行预估，通过修改地下水数值模型中的源汇项来对地下水未来的演变规律进行预估。

气候变化主要是气温、降水、蒸发等气候因子对地下水环境的影响，其中降水的影响相对较大，尤其降水对潜水的影响最为显著；在干旱半干旱地区蒸发对地下潜水的影响较为显著，国内很多学者也都相继开展了气候变化对地下水的影响。研究人员郑晓艳采用小波分析法预测降水趋势，运用灰色关联度、综合指数加权法结合数值模拟方法研究了地下水流场在极端气候下的变化。研究人员王电龙研究了不同气候条件对华北平原粮食主产区农业灌溉需水量的影响，以及气候变化条件下该地区地下水保障能力的时空演变。研究人员连英立探讨了气候变化对地下水循环过程的影响特征，并提出不同气候条件下地下水的合理开发利用方法。

（三）影响因素分析

1. 天然补给量变化原因分析

大气降水对地下水的入渗补给是地下水的主要补给方式之一。一般情况下，大气降水的变化直接影响研究区内入渗量的变化，进一步引起地下水位的变动。理论上降水量越大水位埋深应该越小，但随着人为开采等因素的影响近年来地下水位不断下降，尽管近年来降雨量有所增加，但不足以弥补地下水其他方面的消耗。历次评价的降水入渗补给量呈略增加趋势，说明降水量的影响略大于地下水埋深的影响。降水的减少会导致遭遇严重旱灾，水库、河塘干涸，城市供水水源紧缺等。

年际降水量和水位埋深基本呈微弱的负相关且相关性并不显著，这一时期降水量对地下水的补给在年际水位变化上的体现已经比较微弱。在强下降期及较强下降期，降水量与地下水埋深呈中等的正相关但相关性不显著，已知降水量呈增长趋势，而降水量增加会加强地下水的入渗补给，地下水位会上升，单独考虑降水量和地下水埋深理应呈负相关关系，这说明降水量相对于地下水消耗量的影响程度较小，其对地下水的补给量远不及地下水的消耗量。除此之外，我国降水量随季节变化较大，地域上北方明显少于南方，水资源的分布也是很不均匀。自然因素中最主要的是气候条件的变化，而气候因素里降水量对地下水环境的影响最大。

2. 地表水体转化变化原因分析

地表水与地下水交换关系密切，河水对附近地下水的影响不可忽视。基于同位素方法对流域地表水、地下水转换关系的研究结果可确定河流影响带范围，若观测井位于河流影响带范围内，且河水位高于地下水位时，可利用皮尔逊（Pearson）相关系数法分析地下水位与河水位之间的相关性，以确定河水位对地下水位动态的影响程度。若观测井不在河流影响带范围内，或河水位低于地下水位时，河水不再是地下水位动态变化的主控原因，则不必分析二者之间的关联程度。

地表水量，一部分转化补给地下水，大部分蒸发消耗，还有一部分流出区外。出区水流量分布在特定的几个流域，而且在下游，对地表水体转化补给量影响较小。地表水体转化补给量变化主要与地表来水量和耗水量的变化有关。山丘区是水资源形成区，平原区是水资源的耗散区，平原区地表来水量基本等于河川径流量。历次评价的河川径流量呈增加趋势，即地表来水量增加。随着灌溉面积扩大，灌溉用水量增加，农田灌溉耗水量也增加；随着田间节水灌溉技术的推广，单次灌溉用水量减少，灌溉水深层渗漏量减少，农田灌溉耗水率增大。平原区地表来水量增加、农田灌溉耗水量也增加，但耗水量的增加量大于地表来水量的增加量，故地下水渗漏补给量减少。

通过对地表水体转化补给量各组成进行分析可知，平原区河道渗漏补给量主要受河道过水量影响，河道过水量主要受上断面径流量与引水量影响。例如，上断面径流量、地表引水量增加，且上断面径流量的增加量大于地表引水量的增加量时，平原区河道过水量增加，河道渗漏补给量也会相应增加。渠道引水量增加，渠系水利用系数提高。渠道引水量增加，渠系渗漏补给量会增加；渠系水利用系数提高，渠系渗漏补给量会减少。因渠系水利用系数提高的影响大于渠道引水量增加的影响，故渠道损失水量减少，渠系渗漏补给量随之减少。

另外，地下水埋深增大，也会使渠系渗漏补给量减少。渠灌田间入渗补给量包括斗农渠渗漏补给量与田间入渗补给量，与进地水量、斗农渠防渗、灌溉方式、地下水埋深、包气带岩性有关。农渠进水量增大，斗农渠水利用系数提高。同理，斗农渠水利用系数提高的影响大于其引水量增加的影响，故斗农渠渗漏补给量减少；进入田间的水量增加，但随着田间节水灌溉技术的推广，亩均用水量减少，节约的水量又用于扩大灌溉面积，总体耗水量增加。

3. 气温因素的变化及原因分析

地下水埋深与气温的散点分布整体上随着气温的增加地下水埋深减小，但分布点无明显线性趋势，说明气温变化与水位动态相关性不大。气温虽然影响潜水的蒸发及植物的蒸腾，但蒸发及蒸腾的水量远小于其他影响因素对地下水水量的改变，气温因素对地下水位动态的影响只起到了辅助作用。

气温在地下水位弱下降期与地下水埋深有较强且显著的正相关，其在地下水位强下降期不同站点与地下水埋深有或正或负的较强的相关性，但相关性不显著。气温对地下水的影响是通过潜水的蒸发和植被的蒸腾作用等间接影响的。

4. 水文因素的变化及原因分析

在远离地表水系的地方，地下水径流速度缓慢，水力坡度较小，其地下水位动态受地表径流影响小；当其接近地表水系时，地下水径流速度逐渐变快，水力坡度较大。除地表水流之外，一些水利工程对地表水的蓄积也为地表水更多地补充地下水创造了条件。

在水库蓄水用水阶段，一般只需要保证下游生态流量；泄洪阶段提前泄流并放缓洪峰流量及洪水进程；在整个时间序列内，自然径流总量也因为灌溉用水消耗、自然水面面积增加加剧蒸发消耗等原因而变小。因此，水文站径流量资料不能准确反应天然径流量的规律

5. 地下水资源量变化及原因分析

地下水总补给量扣除井灌回归补给量后，即地下水资源量。据《全国水资源调查评价技术细则》，要求重点评价矿化度 M ≤ 2 g/L 的地下水资源量。矿化度 M ≤ 2 g/L 分区的地下水资源量评价，是在满足地下水均衡标准后，对分析单元内的完整计算单元，直接采用其各项补给量计算成果；对分析单元内的不完整计算单元，可根据各项补给量模数，采用面积加权法计算其各项补给量。

平原区地下水资源量的变化是各项补给量变化的综合反应，各补给量占比不同、增减幅度不同，对地下水资源量的影响不同。天然补给量占比小，总体变化不大，对地下水资源量影响小。地表水体转化补给量占比大，变幅大，对

地下水资源量影响大。地表水体转化补给量中，河道渗漏量占比大，变幅大，对地下水资源量影响较大；渠系渗漏补给量占比大，减幅大，导致地下水资源呈减少趋势；渠灌田间入渗补给量、库塘渗漏补给量占比小，变幅小，对地下水资源量影响小。从地下水补给结构分析，渠系渗漏补给量大幅减少，导致了地下水资源量的减少。从水均衡来分析，平原区农田灌溉耗水量增大，是地下水资源量减少的根本原因。同时，由于历次评价工作精度不同，评价成果存在着人为误差，也是影响地下水资源量变化的因素之一。

二、人类活动

（一）国外学者的研究

21 世纪以来，相关学者认识到，地下水环境演化离不开自然条件及人类活动的影响。随着全球人口快速增长，全球工业化进程加快，人类活动对地下水资源的作用逐渐占据主导地位，由于工业、农业等需水量的不断增加，在一些以地下水为主要水源的地区出现了不同程度的水资源短缺问题，同时出现了一系列环境地质问题及生态问题，此时学者开始将注意力转移到了人类活动对于地下水资源量的影响上面。

1984 年国际水文地质学家协会地下水污染与保护专题委员会在爱尔兰召开了讨论农业活动对地下水的影响的会议。贝洛索瓦（Belousova）等学者通过对欧洲地区地下水化学组分的研究发现，这些地区的地下水受气候变化的影响较小，但是在人类活动影响下处于较差状态。另外有学者发现 1954—1984 年农业、工业、生活污染对法国地下水潜水含水层的影响较大，并且污染产生的累计效应是不容忽视的。

（二）国内学者的研究

人类活动对地下水化学场演化的影响主要体现在工业污染、农业污染和生活污染上，对地下水动力场演化的影响主要体现在过度开采上。其相关研究有：研究人员刘中培研究了农作物种植结构、作物产量、种植面积、种植规模等方面的变化对地下水环境的影响；陈社明等研究人员通过对比内蒙古德岭山地区浅层地下水系统初始状态和农业灌溉条件下的地下水动力场和水化学场之间的变化，发现农业灌溉对地下水的影响主要是地下水位持续下降以及地下水化学类型变化和水质变差；李莎等研究人员研究了由于人类长期开采深层淡水使得衡水地区浅层咸水逐渐下移使深层淡水咸化的问题。

近年来地下水环境演化的研究重点主要是气候变化和人类活动的双因素影

响。例如：研究人员徐威采用环境同位素示踪法、水化学方法以及数值模拟法对那棱格勒河冲积平原地下水的循环演化规律进行研究，并分析了地下水系统对天然条件和人类活动的响应结果；陈瞧锐等研究人员采用 GMS 软件建立地下水潜水运动模型，预测了天然状态、人类活动、气候变化三种不同条件影响下的地下水变化趋势。

通过对近年来相关研究进行分析发现，考虑何种因素影响下的地下水环境演化主要是根据研究区的具体特征，如果该区域人类活动影响较弱，在考虑该地区地下水环境演化特征及成因时，就主要分析气候条件等外部因素对其的影响，相反如果人类活动占主导地位，则主要考虑地下水环境演化对于人类活动的响应方式，如果二者均占较重地位，则需同时考虑。

（三）影响因素分析

人类活动强度是人类活动对地下水环境演化影响强弱和大小的体现。能反映人类活动的指标很多，依据对水环境影响最大、最直接以及数据较易获取等原则，选择人口变化、耕地面积变化、地下水污染、地下水开采量、植被覆盖变化、隧道工程建设等这几个能反映人类活动的主要方面进行分析。

1. 人口变化

人类是各种人类活动的主体，人口的变化决定着影响地下水环境的程度，不仅体现在日常生活需水量方面，还体现在人类活动的各个环节。目前，我国人口一直处于稳定增长阶段，对于水的需求量也越来越大。

人类工程活动在局部地区改变了地下水的补排条件。地表水利设施，如水库、水坝、堰塘、水渠等让地表水蓄积并通过渗漏补给地下水。在一些大型的水库周围地下水位都由于地表蓄水的下渗补给有所上升。一些工程活动如挖沟、修路等有时会揭露潜水含水层，从而改变地下水的排泄条件。

2. 耕地面积变化

地下水资源较丰富，很多地区的生活、农业用水基本使用地下水。耕地面积的变化不仅影响着地下水开采量以及地下水的径流，作物的蒸腾作用还影响降水和蒸发。

水浇地及水田的下渗灌溉用水对地下水的下渗补给是地下水的补给源之一。此外，防风固沙、沙地改造，也会增加不少可供种植的沙盖地，同时不断增加的农业开发地在研究区内广泛分布，需要大量灌溉。在农耕期，当地抽取大量地下水和引用水库蓄水进行灌溉，部分灌溉用水通过下渗对当地地下水又进行补给，因此灌溉用水对地下水位有着不可忽视的影响。

灌溉用水由地表水灌溉引水量和地下水灌溉开采量两部分组成。灌溉用水量与水位埋深的负相关说明在地下水位弱下降期地下水灌溉开采量相对较小，灌溉用水量对地下水的入渗补给较明显；它们的正相关则说明在较强和强下降期灌溉用水的下渗回补不足以补充地下水的开采消耗量，而灌溉用水量和地下水开采量也呈较强的正相关，随着灌溉用水的增加，地下水开采量增加，地下水位下降。

3. 地下水污染

地下水受人类活动影响大，尤其是浅层地下水。浅层地下水污染源因子主要包括城镇生活污染因子、地质环境影响因子、工业污染因子、农业污染因子等。土地利用类型、坡度、土壤质地等 3 个因子对全域地下水污染具有较高的解释力，是地下水污染的关键影响因子；土地利用类型与降水强度、土地利用类型与水力传导系数、土壤与坡度等双因子交互非线性增强了浅层地下水污染的解释力。

研究表明，完善污水管网建设，控制城镇生活污染物的排放、收集和处理是浅层地下水污染防治的关键；要重视环境因素对污染物迁移的差异化影响，有针对性地保护区域地下水安全。土地利用类型、坡度和土壤与地下水污染程度具有强相关性。土地利用类型反映人类活动强度，间接反映污染源强。土地利用对浅层地下水污染程度具有较强的解释力。

地下水作为重要的水资源，其环境安全是全球关注的重点问题之一。人类活动对地下水质量的影响巨大，污染物负荷增加是导致地下水环境退化的重要的原因之一。不同的水文地质条件，污染物地下的迁移方式不同，进入地下水的比例和对水质的贡献率也不同。识别区域地下水污染的主要环境影响因素，对地下水环境污染防控、保护地下水安全有重要意义。

地下水系统结构复杂，污染影响因素众多，除污染源强外，环境因素对地下水污染也有一定的影响。目前地下水污染源解析研究中，少有考虑污染过程中环境因子的影响，而不同区域环境因子对地下水污染的影响差异明显，在地质条件复杂的山地地区表现尤为突出。我们要识别地下水污染路径中的关键因素，进一步认识自然环境、水文地质条件对污染物迁移转化的影响，优化地下水污染空间防控，实现地下水精细化监测和管理。

地下水受原生地质环境限制和人类活动长期影响，组分复杂，水质空间异质性高。例如，重庆作为典型的人口密的集山地城市，水文地质结构复杂，地下水类型多样，天然化学特性差异大。在以往的研究中发现，重庆市浅层地下水受人类活动影响明显，农业面源污染问题突出。

4. 地下水开采量

随着人口和耕地的增多或减少，地下水的开采量也随之增加或者减少。但随人类活动的加剧，开采量不断增多，原有的地下水环境也随之发生改变。人类的钻探活动、打井钻孔以及煤矿开采等都会直接改变地下水与外界的水力联系。煤矿开采揭露含水层往往造成该层位含水层的疏干。通过水井对地下水的开采则是地下水消耗的主要原因之一。

在自然条件下，地下水系统处于水均衡状态。而当地下水开采时，地下水排泄量急剧增加，造成地下水位下降。若水位持续下降，该区域将出现降落漏斗，含水层被疏干，引起含水层应力结构的变化，进而导致地面沉降、塌陷、地裂缝等地质问题。地下水埋深随着地下水开采量的增加而增加，地下水埋深和地下水开采量显著相关，表明地下水开采是水位变化的最主要影响因素。

5. 植被覆盖变化

地表植被生态需水会消耗土壤水或地下水，影响降水对地下水的补给。例如，在植被稀少的沙地，人们不断对其进行改造，使荒沙得到治理，其中人工种植植被的面积占到很大比例，且近年来在持续增加，因此植被对地下水动态的影响是人为因素和自然因素的综合结果。随着植被覆盖率的不断增加，生态耗水量就会增大，当地降水就会被植被吸收，而降水被截留的同时，消耗量也会增加，这就使得被大量开采的地下水无法得到补充，从而导致地下水位产生明显下降。

地下水是影响植被的关键性因子，而植被的群落结构、生长状况是其对降水、蒸发、土壤养分、地下水量、水质等环境要素响应的综合结果，涉及地下水－土壤－植被－大气连续体（GSPAC）的动态平衡。植被通常通过影响土壤水间接影响潜水。在气温、降水、蒸发、植被状况、地形条件、土壤质地等其他因素相同时，土壤水随着地下水埋深的增加而降低，当地下水位下降到一定深度时，不再影响土壤含水量。植被在浅埋深区通过土壤水间接或直接吸取地下水来影响潜水动态，植被结构及覆盖率的变化则在整体上改变了植被生态用水及蒸腾消耗的水量，即使在埋深较深的区域，也可通过截留大气降水、地表水等间接影响地下水的补给。植被生态用水量对水资源的消耗是不可忽视的。越来越多的区域植被不能直接与潜水产生水力联系，大气降水资源、地表水资源等用于植被的消耗量越来越大，地下水资源获得的补给量在总补给量不变的情况下必定减少。

6. 隧道工程建设

随着隧道工程实例的增多，隧道修建过程中的诸多问题逐渐显现出来，其中地下水环境问题尤为突出，造成了工程区地下水含量减小，生态环境恶化等一系列负效应的发生。

随着人类可持续发展意识的提高，关于隧道工程建设对水环境方面的影响问题也逐渐引起国家的重视，随着隧道工程建设的增多，对于隧道建设中其与地下水的相互作用及相关环境理念渐渐被认知。若隧道开挖后打破了地下水原有的动态平衡，改变了地下水的排泄通道，储存的地下水就会沿着在建隧道排泄出来，可能造成山体地下水的大量流失，导致山体部分下降泉水位下降、水源地水量急剧骤减甚至干涸；隧道建设还可能直接影响当地居民的日常用水问题，若不及时采取措施处理解决，工程问题将直接转变为社会问题。因此，要将隧道建设可能对地下水环境的影响程度进行评估，从而针对性地提出处理措施，将工程的负面影响降到最低，以避免引起更大的问题。

随着隧道开挖，隧道施工对围岩应力场造成扰动，破坏地下水运移平衡，尤其是在降水量充沛或地下水丰富区域，地下水导通性好，使其易积存在岩溶发育地段、断层破碎带和不同岩层接触带等破碎带内，与隔水层接触部分还会形成承压水，极易发生涌突水事故。少量的涌水对施工影响不大，但是当涌水量过大时，可能会被迫临时停工，严重时还会危及隧道施工人员的生命安全。涌入隧道的地下水可能与保护区水源有一定的水力联系，大的透水事故会严重破坏地下水系统原有的动态平衡。如果隧道施工中采取技术措施不当，可能会引起地下水过多流失，导致工程区地下水位下降、泉水点水量骤减甚至干涸，对当地水环境造成严重影响。近年来，随着可持续发展观念和人们对环境保护意识的增强，特别是吸取了在生态脆弱、水资源异常宝贵的地区修建隧道的经验教训，使得工程技术人员对隧道治水理念也逐渐转化到“以堵为主，防堵结合，限量排放”上来。

三、影响因素与地下水环境关联度分析

气候变化和人类活动对于地下水环境的影响主要体现在两方面。

（一）对地下水水量的影响

对地下水水量的影响的指标有很多，如地下水埋深、地下水资源量、地下水补排量，这三者是目前比较普遍的用于表述地下水水量发生改变的指标。在自然条件下，地下水水位也会发生改变，基本呈现周期性变化，年内为丰枯季

节变化，年际为丰枯年变化，但随人类活动的加剧，开采量不断增多，原有的地下水环境演化模式也随之发生改变。地下水埋深和地下水污染指数分别代表地下水水量、水质，作为响应指标，二者在气候变化和人类活动的驱动影响下表现出的响应方式略有不同，其中，地下水水量变化是直接响应方式，即受到降水量、蒸发量、河川径流量和侧向径流补给量、开采量等共同影响，地下水水量直接表现出增加或减少趋势，随着地下水埋深升高或降低。

（二）对地下水水质的影响

用于表述地下水水质因素的指标也有很多，如水化学类型、主要水化学组分、特征污染物、综合污染指数、水质等级等。在同等自然条件下，地下水化学类型或水质等指标的演化基本保持特定的规律，从补给区到径流区再到排泄区，随着水动力条件的改变而发生变化。地下水水质变化响应方式是间接的：一方面，气候条件和人类活动改变了地下水原有的水动力条件，使原有地下水化学类型分布发生变化；另一方面，人类活动产生的点源、面源等污染直接进入地下水，造成地下水污染，水质变差。

总体而言，地下水作为维持农业、经济和环境发展的重要淡水资源之一，承担了全球取水量的35%。目前，有关气候变化及人类活动对地下水环境影响的研究大多停留在定性评价上，使用定量评价的方法不多，常用的有回归分析、方差分析、主成分分析等，但这些方法往往需要大量的数据样本，且服从某个典型分布，在实际运用中往往很难实现，同时仅依靠这些方法不能对变量间的因果关系做出最后判断，必须与实际物理量的变化定性分析相结合，过程相对复杂。

第二节　地下水的常见类型

一、花岗岩类孔隙水

（一）花岗岩断裂构造裂隙水

花岗岩断裂构造裂隙水主要赋存于断裂构造带和侵入岩脉中，是花岗岩区较重要的地下水类型，呈条带状分布，具有埋藏深、富水好的特征。其富水性除与补给条件密切相关外，主要取决于构造带的力学性质及规模。

（二）花岗岩风化壳网状裂隙水

花岗岩风化壳网状裂隙水赋存于花岗岩风化壳裂隙内，具有分布广泛、埋藏浅的特征。风化壳厚度受地形地貌、地质构造影响差异性大，在沟谷地带或断裂构造带，风化壳厚度大，且凡是构造裂隙发育的地方，风化裂隙发育的规模和深度一般较大。但在构造带附近，该层地下水与深部断裂构造裂隙水有互为补充的水力联系，深层地下水可以有效补充风化壳浅层地下水，地下水富集性较好。

（三）花岗岩侵入接触带型基岩裂隙水

花岗岩侵入接触带型基岩裂隙水主要分布在花岗岩与沉积岩、花岗岩与变质岩及不同侵入期次花岗岩接触带处，呈带状分布，富水性差异大。花岗岩与沉积岩、变质岩接触带处，尤其是侵入接触断裂破碎带处，富水性较好。不同侵入期次花岗岩接触带处，地下水相对贫乏，富水性一般较差。

二、松散岩类孔隙水

松散岩类是指第四纪冲积、冲洪积、洪坡积等成因的沉积物。其富水性主要取决于沉积物颗粒的大小及级配。一般情况下，冲积、冲洪积成因的中粗砂、砾石、卵石，颗粒粗，孔隙间连通性好，空间较大，富水性好；而冲洪积、洪坡积成因的黄土状亚砂土和亚黏土，属松散的软塑性岩层，颗粒细，颗粒间孔隙小，渗透性和给水性均较差，主要起隔水或弱透水作用。

（一）松散岩类孔隙潜水

1. 洪坡积层孔隙潜水

洪坡积层孔隙潜水多分布于低山丘陵、沟谷和盆地边缘，堆积物岩性主要为黏质砂土夹少量碎石，厚度在 3 ～ 11 m，水位埋深在 1.3 ～ 3.4 m，属潜水。其富水性很弱，单井涌水量在 100 m^3/d 以下，一般在 2 ～ 15 m^3/d。

2. 冲洪积层孔隙潜水

冲洪积层孔隙潜水含水层岩性为砂、砂砾石，出露于河床、漫滩，或埋藏于阶地土层之下，双层结构。地下水为潜水或微承压水。

（二）碎屑岩类裂隙孔隙水

碎屑岩类裂隙孔隙水主要指分布在中生代、新生代陆相沉积盆地内比较稳定的裂隙孔隙水。该类型地下水赋存于白垩系的砂砾岩、砂岩、砂页岩破碎带之中，埋深在 70 m 以上，地下水位埋深较浅，与上层第四系含水层存在水力联系，富水性弱，单井涌水量一般为 5 ～ 15 m^3/d。水化学类型主要为重碳酸钙型水、重碳酸镁型水，矿化度在 0.7 ～ 0.8 g/L。

三、基岩裂隙水

（一）块状岩类裂隙水

块状岩类裂隙水主要赋存于各种裂隙的断裂破碎带中，含水层的岩性主要为灰岩和板岩，断层、裂隙的发育好坏决定了块状岩类的含水性和透水性。一般来说，深度越大，其含水性和透水性越弱。受地形地貌，地质构造，补、径、排条件的影响，不同区域地下水埋深也不尽相同，且随季节改变而发生变化。

（二）冲积层孔隙潜水

最上层岩层为全新统冲积层、风积层及湖积层。其主要岩性为灰黄、灰褐色中、细粒砂，黄色亚砂土，灰黄色粉细砂灰及黑色淤泥质粉细砂，其松散岩层渗水率高，孔隙发育较好，但由于其含水层厚度一般较小，储水空间不足，赋存的地下水水量相对贫乏。

第三节　现代地下水的赋存

一、岩性对地下水赋存的影响

（一）碳酸盐岩类

碳酸盐岩类主要指石灰岩、白云岩和大理岩。碳酸盐岩的可溶性主要取决于岩石的成分、结构以及岩层的组合结构等因素。碳酸盐岩的矿物成分主要为方解石和白云石，化学成分以碳酸钙、碳酸镁为主，总的规律是石灰岩比白云岩易发生溶蚀现象，赋存较丰富的地下水。

石灰岩一般为隐晶质和细晶质结构，少量为粗粒结构，呈巨厚层状构造，溶解度较高，在水的长期淋滤溶蚀过程中易形成溶隙、溶孔，并逐渐形成溶洞，构成很好的储水空间。从溶隙发育情况看，白云岩汇水方向与白云岩的倾向方向大体一致，在白云岩上溶洞发育，其为白云岩主要导水通道，同时地势较平坦，地下水基本呈滞留状态，使得该块段易富集地下水。

（二）火成岩类

一般来说，矿物颗粒粗大者比细小者更易于风化，富水性较强。安山岩、火山角砾岩、流纹岩及凝灰岩属于火成岩类，其自身存在成岩裂隙、冷缩裂隙、气孔及孔洞等，再加之外动力的影响，岩石孔隙较发育，而凝灰岩因其含水较多的软弱物质，常充填裂隙而使岩石透水能力降低或几乎不透水。

从水文地质角度来看，岩脉大体上分为导水和阻水两种，而且由其所处围岩的岩性而定。侵入可溶岩地层中的岩脉，其岩脉含水带的裂隙相对于可溶岩的溶隙不但比较少，而且比较小，一般来说，其阻水作用是相对的，并且随着产状的差异，阻水的方式也不一样。产状较陡的岩脉，就像一面墙，将来自上游的地下水的径流阻挡住，使地下水富集于其迎水面上游一侧。产状较缓的岩脉则通过限制地下水的垂直入渗，使地下水富集于其上而形成上层滞水。而侵入非可溶岩中的岩脉，因其岩性的差异，所具有的水文地质特征也不相同，有些岩类起阻水作用，而有些岩类则起集水作用。

基性岩脉裂隙多被泥质充填，渗透、导水能力均较差，一般起阻水作用，如发育于浅粒岩中的辉绿岩脉。酸性岩脉多为粗粒状结构，质坚性脆，在后期构造运动的影响下，岩脉内或与围岩的接触部位，裂隙较发育，是地下水相对富集的部位。

二、地貌对地下水赋存的影响

地下水富水程度除受岩性、构造影响外，与地貌的关系也很密切。地貌形态决定了地表水及地下水的汇集情况。从地域上看，西部、西北部中低山区属于分水岭地带，地表水及地下水均向两侧散流，泄向低处，不易富集地下水；中部低山、丘陵区地势较缓，地下水径流速度减缓，遇低洼处便富集起来，特别是大小盆地能够接受多方向地下水的补给，利于地下水的富集。

花岗岩分布区地形破碎，冲沟发育，岩石表面风化裂隙普遍，赋存浅层风化壳裂隙水，地下水的径流、排泄主要受地形条件影响，常以下降泉的形式在谷底出露形成地表溪流。

三、不同种类地下水的赋存规律

（一）断裂构造裂隙水

如果花岗岩没有被构造作用影响，花岗岩岩石结构会很完整，这种岩石结构不但透水性差，含水性也会比较差，一般会将其视为相对隔水层。但在构造作用下，花岗岩裂隙发育处多为地下水富集区。故花岗岩断裂构造裂隙水是花岗岩区最重要的地下水类型，也是找水的重点目标。在视电阻率等值线断面图上，该类地下水含水层结构的图像一般较直观，具有清晰的含水层边界，多呈现陡降低阻“条带”或“漏斗”状异常曲线。

（二）风化网状裂隙水

该类地下水主要受降水补给，富水程度主要取决于花岗岩风化程度、风化壳厚度及地形地貌条件的组合，从而形成同一类型地下水不同富集程度的地段。一般认为，花岗岩风化程度越强烈、风化壳厚度越大、花岗岩风化壳土体颗粒越大，富水性会越好，如谷地、洼地、掌心地等。花岗岩洼地地貌区，地表水相对丰富，水、岩作用相对强烈，岩土体一般较破碎，风化深度较大，多呈囊状、蜂窝状，其下部基岩面亦呈洼地状，形成具有局部加深的蓄水空间，有利于地下水赋存，水量通常较丰富，电性特征呈“凹槽洼地型”低阻带状。

（三）接触带型基岩裂隙水

接触带型基岩裂隙水主要赋存于花岗岩与沉积岩或变质岩的接触带位置。在视电阻率断面上，花岗岩与不同地层的接触带界面清晰，接触带型基岩裂隙含水层呈现“层”或“带”状，低阻带边界与侵入接触带实际位置基本一致。

一般来说，岩相差异越大，接触带裂隙、孔隙越发育，地下水富集程度越好。因此，花岗岩与变质岩或沉积岩地层接触带位置多为地下水富水地段，是花岗岩分布区典型的找水打井靶区。因为在花岗岩侵入时期，当岩浆逐渐冷却时，体积逐渐缩小，使冷却后的花岗岩与围岩之间存在裂隙，导致接触带裂隙或接触断裂破碎带裂隙呈张开的带状分布，具备储存地下水的空间条件，尤其是侵入接触断裂位置，可以形成接触带型蓄水断裂构造带，一般富水性好，水量较大，该类型地下水应引起关注。

（四）基岩裂隙水

基岩裂隙水赋存于晚古生界泥盆系以及二叠系碎屑岩的风化裂隙中。其水量总体贫乏，补给条件总体较好，径流条件与风化、构造裂隙的通程度有关，径流条件越好其通程度越好。在海西—印支期、新华夏等构造运动和风化作用的共同影响下，形成和发育了许多不同性质的裂隙。含水岩组为碎屑岩含水岩组。在风化作用和地形地貌的共同作用下，地下水埋深范围从几米至几十米不等。

（五）第四系松散岩类孔隙水

第四系松散岩类孔隙水主要分布于山谷及河流阶地处，又因松散岩类孔隙水地处丘陵山区，含水量小、开采量少，其补给条件好但径流条件差。第四系松散岩类含水岩组的含水介质主要由第四系松散堆积的沉积物构成，河流阶地处的松散堆积物主要由冲洪积砂质黏土、砂砾石、卵石、等构成，孔隙一般较大；

山谷处的松散堆积物则主要由黏性土及砂性土等构成，孔隙细密。第四系含水岩组层厚在 6 ～ 23.42 m；地下水潜水面埋深在 2.0 ～ 5.0 m，水量总体贫乏。

四、地下水补给、径流、排泄条件

地质环境条件是影响地下水的补给、径流与排泄条件的主要因素，并且影响着地下水的分布和埋藏条件。总体而言，大小溪流与地下水的水力联系比较紧密，大多为各含水系统的排泄边界；裸露的基岩山区接受大气降水的入渗补给，山前冲洪积扇接受基岩山区的溶隙、裂隙水的入渗补给，构成了含水系统的补给边界。

（一）地下水的补给

在各类补给量中，降水入渗补给量最大，灌溉回归补给次之，河渠渗漏补给量相对较小，侧向流入补给量最小。除降水补给外，局部区域的地下水、地表水呈现出互补的关系，这是间接补给的一种方式。此外，按水动力特征、地下水的赋存空间这两个因素，还可划分出裂隙岩溶水补给孔隙水或互补的关系。

1. 孔隙水分布区

在孔隙水分布区，大气降水是地下水主的要补给来源，河水与地下水呈互补关系，即在洪水期时，河水补给地下水；在枯水期及平水期时，地下水反过来补给河水。

2. 裂隙水分布区

在裂隙水分布区，地下水通过岩层（碎屑岩、浅变质岩及岩浆岩）的构造裂隙和风化裂隙接受大气降水的入渗补给，其补给强度与降水形式、降水量呈正相关，此外补给强度还与地质、地形地貌等因素密切相关。

3. 岩溶水分布区

依据是否被松散层所掩覆，将岩溶水分成裸露及覆盖两种类型。

①裸露型岩溶水：主要接受大气降水及地表水的补给，因裸露区岩溶发育强烈，降水通过地表的落水洞、漏斗以及密布的溶蚀裂隙补给地下水；又可形成地表径流后，再通过溶隙补给岩溶水。

②覆盖型岩溶水：可通过上覆松散层渗入的大气降水和地表水补给，也可接受其他类型地下水的侧向补给。

（二）地下水的径流

裂隙发育的规模和程度、含水介质、地形地貌、岩溶发育的规模和程度以及地质构造等均可对地下水的径流造成影响。

孔隙水的径流方向多与河流流向垂直或斜交，由于垂直渗透条件好，且与地表水互补关系密切，因此径流交替作用较为强烈。

地形以及构造、风化裂隙的展布控制着裂隙水的径流方向。地形切割强烈，裂隙水径流方向受地形和水文网的控制，水力梯度大，流速快，径流途径短，循环交替强烈。

依据地下水的赋存场所及渗流途径类型大致可将岩溶水的径流分成管道型、裂隙型和管道－裂隙混合型径流。

①管道型径流的径流途径一般较长、水力梯度变化大、流速快，并且以紊流为主。

②裂隙型径流的径流途径一般较短，多为层流，水流在构造运动裂隙和溶蚀风化裂隙中径流，其径流方向受裂隙延展方向和其他结构面的控制。

③管道－裂隙混合型径流则兼具上述两者的特征。

（三）地下水的排泄

地下水的排泄按是否受人为因素影响，可划分成自然、人工排泄两类。

1. 自然排泄

在天然条件下，孔隙水多于阶地前缘以泉或渗流的方式排泄到溪流中；基岩裂隙水在山坡上沿风化、构造裂隙于坡脚残坡积层与基岩接触带及谷底溪流边一带以下降泉的形式呈股流、片流或渗流状态排出；碳酸盐岩岩溶水排泄条件较好，多集中在洼地边缘、河流两侧、断裂带附近或不同岩性接触带部位等地段，以岩溶下降泉、接触上升泉或地下河的形式排泄地下水。

2. 人工排泄

地下水作为维持农业、经济和环境发展的重要淡水资源之一，受人类活动的影响，地下水的人工排泄主要为人工开采，此外作物灌溉主要依赖地下水。基于人为开采响应的地下水可持续性指标可作为监测地下水可持续性、分析小区域地下水可持续性时空变化的一种手段，有助于识别地下水可持续性潜力区和开采保护区，有计划地执行地下水资源管理。

第四章　现代地下水运动

对地下水动态成因类型进行划分，是对地下水动态特征形成和变化最主要原因的辨识和提炼。掌握地下水动态成因类型及其时空分布特征，对地下水资源开发利用现状分析以及可持续开发利用管理具有重要的参考意义。本章分为重力水的运动、结合水的运动、饱和性黏土中水的运动、毛细现象与包气带水的运动四部分，主要有重力水运动、结合水的概念、饱和性黏土特性、毛细现象等内容。

第一节　重力水的运动

一、重力水运动

同地表水一样，在岩层孔隙中渗流的地下水，有层流和紊流两种流态。所谓层流指的是互不杂乱的、有秩序的水流质点。在不太宽大的基岩裂隙中，或者在比较狭小的岩石孔隙中流动时，重力水受介质的吸引力会比较大，这种情况下，水流质点会有秩序地排列，这时是在做层流运动。紊流运动指的是相互杂乱、没有秩序的水流质点。地下水进行紊流运动时，水流所承受的阻力会比层流大，因此消耗的能量也会比较多。水流在比较宽大的岩石孔隙，如洞穴中流动时，多为紊流运动。

二、线性渗透定律

线性渗透定律——达西定律，是由法国的达西提出来的。达西是法国著名的水力学家，他通过大量的试验，得出了线性理论，也就是达西定律。试验是在一个圆筒中进行的，里面装满了砂，从圆筒的上端加入水，流过圆筒砂柱，到达底端流出。在上游设置溢水设备，以便控制水位，从而保证水头在试验过程中始终保持不变。此外，在圆筒的上下两端分别设置两根测试压管，用于对上下两端过水断面水头进行测定，并且在圆筒下端设置管嘴，用于测定流量。

达西通过此试验结果，进一步确定出达西定律的表达公式。

$$Q = KAI = KA\frac{h}{L} = KA\frac{H_1 - H_2}{L}$$

式中：

Q——通过砂柱过水断面的渗透流量。

A——砂柱过水断面面积。

h——上下两过水断面的水头差，$h=H_1-H_2$。

L——上下两过水断面之间砂柱的渗透途径。

I——上下两过水断面之间的水力梯度，$I=h/L$。

K——砂柱的渗透系数。

一般情况下，无论是在多孔介质中，还是在裂隙、溶穴中，地下水的渗流都是服从达西定律的。可以说达西定律适用大多数的地下水渗流，也就是说达西定律是水文地质进行定量计算的基础，并且其还是进行各种水文地质定性分析过程中非常重要的依据。但是由于地下水的渗流运动是非常复杂的，采用雷诺数来对层流、过渡带、紊流进行确定，其精准的分界线还未确定，所以至今还没有完全解决达西定律的适用范围。

三、非线性渗透定律

非线性渗透定律，又称福熙海麦定律。当地下水渗透速度较大，雷诺数超过一定界限（大于 10）时，地下水运动开始偏离达西定律。

当地下水在较大的孔隙中运动，且流速相当大时，呈紊流运动，此时水的渗透服从哲才定律。

$$\upsilon = KI^{\frac{1}{2}}$$

此时渗透速度 υ 与水力梯度的平方根成正比。

第二节　结合水的运动

一、结合水的概念

结合水是指在范德华力、静电引力等作用下吸附于黏土颗粒表面的极性水分子，其在黏土中的含量随外界的温湿度条件变化而变化。越靠近土颗粒表面，水分子受到土颗粒的吸引力越大，其活动性越小且排列越紧密、整齐，吸附越牢固。水分子与土颗粒表面的距离不同导致水分子性质也不同，因此，一般根据水分子与土颗粒的距离与作用形式将结合水分为吸附结合水和渗透结合水。结合水与黏土矿物表面活化中心直接作用，具有化学配位，通过静电引力和氢键作用与黏土矿物晶体表面结合。

结合水的性质与液态水完全不同，属于固相范畴，具有极大的弹性、黏滞性，具备承担荷载和抵抗剪切的能力，其力学性质与固体材料类似，密度大于液态水，可达到 1.3 ～ 1.8 g/cm^3，冰点为 −78 ℃。吸附结合水不具备溶解能力，因而不具有导电性，同时也不能传递静水压力。当受到外界作用或电场力变化时，能够发生转移，但并不影响黏土矿物的晶体结构。渗透结合水的密度小于吸附结合水，接近于 1.0 g/cm^3，具有较大的黏滞性、弹性和抗剪强度，冰点低于 0 ℃。渗透结合水层的厚度与细粒土的物理力学性质关系密切，其变化范围比较大，一般认为渗透结合水层比吸附结合水层厚得多。总之，结合水主要存在于黏性土中，其性质不同于普通液态水，土颗粒表面所携带电荷产生的静电引力对结合水分子的吸附起主导作用。

二、结合水含量的影响因素

（一）黏土矿物成分

①由黏土的水合作用可知，结合水的形成是因为黏土矿物有水合活化中心，黏土的水合作用发生在黏土颗粒表面，黏土矿物的比表面积是影响结合水含量的决定性因素，比表面积大小反映黏土矿物的水化程度，和结合水的含量成正比。

②黏土矿物的种类很多，有不同的亲水矿物，表面活性越大，吸附的含水量也越大，所以黏土中亲水性矿物含量直接影响其结合水的含量。

③黏土矿物不同，黏粒含量不同，便具有不同的吸附活化中心数量，吸附的结合水含量也就不同。研究表明，黏粒量越多，黏土矿物所吸附的结合水含量就越多。

④交换性阳离子是黏土矿物的水合活化中心，不同类型的交换型阳离子的水化半径、水合能不同，吸附的结合水含量就有差异。

（二）干密度

干密度大的黏土土样由于压实作用，导致土颗粒的层间间距减小，土颗粒表面的扩散双电层重叠，造成吸附水含量比干密度小的黏土土样少。

三、结合水含量的测试方法

以往测定结合水的方法主要有四种：一是X射线衍射法，只能测量部分吸附结合水；二是加压排水法，利用强大的压力将结合水挤压排出，然而强结合水属于固相范畴，并不能排出；三是离心分离法，利用离心力将土样中不是结合水的部分分离出来，但无法完全去除土样颗粒中的毛细孔隙水，测量结果相对较大；四是吸湿法，此法简便直观，但由于黏土颗粒间的黏结力较水分子的切割力偏大，故土样吸附的强结合水不易被测量，测量结果偏低。

（一）容量瓶法

在含有一定水量的容量瓶中，放入干黏土，通过测量水体积的变化，计算出结合水的含量。此方法虽然原理通俗易懂，实验操作简单，但是并不能确保其准确性。该方法存在以下不足。

①容量瓶法只能计算结合水大致含量，不能区分强弱结合水 。

②计算式中的吸附结合水密度使用的是部分典型黏土矿物吸附水的平均密度（1.3 g/cm^3），但结合水的密度与水合程度有关，是个变量，此值不能代表实际结合水的密度，准确性不能保证。

③由于结合水是极其微观的，在数量级上是埃米级或纳米级的，当黏土吸附结合水很低时，容量瓶 0.05 mL 的精度不满足实际精度要求。

④影响因素很多，最主要的是温度条件，必须严格控制试验温度及烘干土样的温度。例如，李生林曾报道了对结合水的相关研究结果，在试验温度范围内，随着温度的升高，强结合水基本不会变化，而弱结合水对温度比较敏感，将会转化为自由水。另外，试验用的干土样品是将 125 ℃烘干土样视为干土进行试验的，实际上已经有很多热分析的研究表明 125 ℃不能完全除去结合水，从而造成了测量值与实际值有所不同。干土样采用的烘干温度现在尚未统一。

因此，容量瓶法能反映黏土矿物与水直接接触的实际情形和吸附结合水的变化趋势，但是对实验操作过程要求比较严格，容易出现较大的误差，容量瓶法得到的测量值会普遍比其他方法测量值大。

（二）等温吸附法

在温度不变的条件下，将黏土样品放置在不同的湿度环境中，当吸附达到平衡时，可以测量相应湿度环境下黏土结合水的吸附速率。该方法通过改变湿度环境，将黏土的吸附过程划分为不同阶段，这样有利于理解结合水在任何阶段的吸附特性，也为理解吸附机理提供了实用的理论参考。等温吸附可以有效地测量黏土在不同湿度环境下吸附水汽的质量，从而可以定量测量结合水的大小，划分强弱结合水的界限。同一种吸附质在等温且多个不同的相对湿度环境吸湿得到的吸附量（用含水率变化表示）与相对湿度的关系曲线为吸附等温线。从吸附等温线的拐点对黏土水合历程进行分析，可确定黏土的结合水类型界限。

国内自从学者王平全使用该方法测量了结合水的含量，并划分了结合水的界限后，许多学者也开始采用这种方法对结合水含量进行测量和进行强弱结合水界限的划分。等温吸附法可以定量测量黏土的结合水量以及确定结合水类型的界限；不同的土样其吸附等温线不相同，拐点也不相同；不同的湿度区间吸附等温线亦表现不同的变化规律，反映其不同的吸附机制。另外，由于吸附过程相对缓慢，因此采用等温吸附法还可以研究黏土的水合过程以及吸附结合水之后各种物理参数的变化情况。

等温吸附法也存在着一些缺陷，不仅实验时间较长，而且容易受到试验温度的影响。试验温度和土样烘干温度也是等温吸附法的影响因素。研究人员陈琼对不同烘干温度处理的蒙脱土进行了等温吸附试验，发现了一个与经验烘干吸水规律相反的现象：一般地，越高温度处理的土样吸附水量就会越多，然而试验结果是 105 ℃干燥的蒙脱石吸附的结合水量大于 150 ℃干燥的蒙脱石吸附的结合水量。研究表明，105 ℃以上的烘干温度致使弱结合水脱去后，蒙脱石晶体的综合作用势均减小了，重新达到了另一个平衡，从而表现为吸附外界水分子的能力减小了。因此，试验温度可采用空调控制室温和恒温水浴控制，烘干土样温度与容量瓶法一样。

目前的等温吸附试验控制相对湿度的方法主要有两种：一种是将饱和盐溶液置于密闭容器内控制相对湿度的方法，这种方法操作简单，成本较低，但不容易控制饱和盐溶液上方的水蒸气和温度，并且控制的试验湿度点太少，对于等温吸附法划分结合水类型界限的特征湿度的准确度可能不够；另一种采用先进的全自动吸附仪控制等温吸附试验的相对湿度的方法，这种方法可以高精度地控制相对湿度和测量试样的吸附量，同时还可以使用恒温水浴装置保证“等温”吸附，缺点是成本较高。

（三）热分析法

不同类型的结合水“结合能”不同，在连续加热过程中，不同“结合能”影响范围内的结合水将在不同温度区间被脱去，并在失重曲线上形成对应台阶或在差热曲线上形成吸热谷，利用这个原理，可以通过热分析来定量测出不同类型的结合水含量。

热分析法是一种使用广泛的定量测量强弱结合水含量的方法，具有试验操作和原理简单、试验用量少、试验时间短、试验精确度高等优点，但存在以下影响结合水含量的因素。

①初始含水率。研究人员陈琼对不同初始含水率的 Na 蒙脱土进行了热分析试验（TG-DSC 曲线），研究表明初始含水量对强、弱结合水的含量有较大的影响，初始含水率越高，热失重的质量分数越大，但是对强、弱结合水的失水温度没有影响，它们的界限点均是 106.6 ℃和 150.5 ℃。

②如果弱结合水和自由水的结合能相差不大时，在热分析的升温过程中，有可能找不到弱结合水的界限点。目前热分析试验升温致弱结合水转化为自由水影响弱结合水测量的解决办法有待研究。

③升温速率和电解质的影响。研究人员谢刚指出，热分析的升温速率、气氛因素以及土中的电解质对试验都有影响，为减小影响，将升温速率确定为 10 ℃ /min，将气氛因素确定为 60 mL/min，去除电解质。

④有机质。有研究人员分别对经 H_2O_2 去除有机质的土样和原土样进行了热分析，研究表明，去除有机质的土样结合水为 0.51% ～ 3.93%，原始土样结合水为 0.54% ～ 5.22%，其中有机质吸附的结合水占比 30%，说明有机质对土样中结合水测量影响很大。因此在进行热分析前需要将土样中的有机质去除。

（四）定性分析方法

定性分析方法主要有红外光谱法和离子交换法。这两种方法只能定性地区分强、弱结合水，因此主要用于辅助或者验证其他测试方法结果的正确性。

红外光谱法原理：不同存在形式的结合水分子，在红外辐射中表现出对分子振动能级跃迁频率吸收的不同，在红外谱图上吸收峰形态和强度也表现得不同。学者王平全采用了这种方法，得到了伸缩振动频率（v）和相对水汽平衡压（P/P_s）的关系曲线，曲线上两个明显的转折点 P/P_s=0.9、P/P_s=0.98 正好与他使用等温吸附法和热分析法得到的两个拐点相符合，分别是强结合水与弱结合水的界限点，旁证了通过等温吸附法、热分析法获得的两个界限点的结论是正确的。

由水合机制可以知道交换性阳离子是水合活化以及影响水合的主要因素，因此阳离子交换程度可以反映水化程度。王平全使用离子交换法，发现交换阳离子的量随水汽平衡压（P/P_s）变化曲线的拐点也是 P/P_s=0.9、P/P_s=0.98，验证了他确定结合水的类型和界限点的方法是正确的。由于该方法比较烦琐，目前很少使用它来对结合水进行定性分析。

（五）核磁共振法

核磁共振利用主磁场和射频磁场干扰自旋磁矩的质子群，宏观磁化矢量偏转并失去平衡，射频停止后，质子群从非平衡状态返回到平衡状态，测量核磁共振信号的自由感应衰减（FID）曲线。曲线横坐标为弛豫时间 T_2，纵坐标为核磁信号幅值，其中 T_2 值与孔隙半径成正比，曲线的形状反映岩土介质中孔隙水的分布特征，曲线围的下方面积大小即 T_2 范围内的含水量 C。因此，T_2 值是划分结合水的界限点，将界限点 T_2 值找出，计算得到 T_2 范围内的含水量即结合水的含量。

田慧会等研究人员通过对不同吸力范围的土样、多个冻结温度（冰点）下的土样、多个升温路径的土样的核磁共振 FID 曲线对比分析，确定 $T_2 = 5.8$ ms 为吸附水和毛细水的界限点，初始的含水量是 15%，通过 $T_2 = 5.8$ ms 时的面积占比计算得到了吸附水的含量。于海浩等研究人员对多个不同含水率的压实土样进行了核磁共振试验，发现含水率大于 10% 时，T_2 值随含水率增大而增大，而小于 10% 的试样的 T_2 值基本不变，孔隙水的赋存半径不变，他认为此时的孔隙水就是强结合水。同时他还使用比表面积法对土样进行了理论估算，得到了核磁共振法与理论计算结果相一致的结论。

（六）理论公式法

理论公式法是根据结合水物化性质进行合理预估然后计算，或者经大量试验总结出的经验方法。理论公式法可以在没有实测值时对黏土的结合水进行预估，也可以对使用上述各种测量方法的结果进行进一步的验证。由于此方法是根据理论获得的，而实际结合水的水合过程相当复杂，结合水含量影响因素很多，所以只能作为估算而不能作为准确的测量手段。

结合水是一种非牛顿流体，是性质介于固体与液体之间的异常液体，外力必须克服其抗剪强度方能使其流动。

第三节　饱和性黏土中水的运动

一、饱和性黏土特性

（一）黏附力

土与结构物的黏附力可分为法向黏附力和切向黏附力，下面主要讨论法向黏附力。土颗粒与结构体之间黏附力的产生目前多认为是土中水将土体和结构体黏结在一起，由于土颗粒表面的带电性，土粒表面往往会存在一层弱结合水，弱结合水性质表现比自由水稳定但同时又具有一定的活性，容易受到结构体材料粒子的偶极作用从而将土体与结构体黏结在一起。对土中水黏结土颗粒与结构体的机理，大量学者从不同角度进行了解释，主要有以下几种不同的理论：水分张力理论、毛细管理论、合力模型理论、五层界面模型理论、黏附界面分子模型理论等。

（二）真空吸力

从本质上来讲，真空吸力指的就是孔隙水的压力。通过有效原理，土体承担的荷载，是由土骨架和土中水共同承担的，并且孔隙水及土骨架收缩性并不好，所以当土体卸荷突然发生时，土骨架根本来不及变形，导致水分不能及时地流入其中，而发生变化的那部分荷载就需要由孔隙水独自承担。在上拔过程中，上部的结构体处于加荷状态，所产生的孔隙水压力是正的，而结构体底部处在卸荷状态下，其产生的孔隙水压力是负的。随后，土骨架慢慢地产生变形，水分也会逐渐地流入其中，孔压则会慢慢消失，继而将由土骨架来承担之前由孔隙水承担的荷载。

（三）侧面摩阻力

侧面摩阻力是由于结构体上拔时周围土体有阻止结构体向上运动的趋势而产生的。结构体在进入土体时，存在挤土作用，此时需克服土体向周围挤出的流动阻力和沿结构体侧面移动的摩阻力，相应地在结构体上拔时周围土体必然会有阻止结构体向上运动的趋势，表现为土体向结构体底部中心流动产生的流动阻力和沿结构体侧面流动的摩擦力，因此需要克服与入土时相反的阻力，表现为侧面摩阻力。其与土的性质、结构体形状、入土深度有关。

二、饱和性黏土吸附力影响因素

吸附力是结构体上拔过程产生的被动力，影响这一过程的因素即吸附力影响因素。大量研究表明影响吸附力的因素主要包括土的影响和外部影响。

（一）土的影响

1. 土类的影响

一般来说，相同条件下土与水的相互作用越强烈，其表现出来的黏附力越大。通常土颗粒越细，比表面积越大，与水的作用越强烈，吸附力越大；黏粒含量越高，吸附力越大；不同的矿物成分以及盐溶液也会导致土与水的作用强度改变。一般来说，土类的吸附力大小为：黏土＞亚黏土＞亚砂土＞淤泥＞砂土。

2. 含水量的影响

含水量对黏附力、真空吸力、侧面摩阻力均有一定影响，是吸附力的重要影响因素。张际先的微观模型认为土颗粒与结构物材料分子共同吸引弱结合水分子形成一层水膜从而结合到一起，通过水膜传递力，当土的含水量较低时，水分主要在土颗粒周围，表现为强结合水，土粒与材料分子之间无法形成水膜，因此无黏附力；随着含水量的增加，土颗粒周围水分开始出现弱结合水，土粒与材料分子间逐渐形成水膜，表现为黏附力的增加；当含水量继续增加，粒子间出现大量自由水时，水膜厚度过大导致离子键距离变大从而使得两者之间的吸引力变小，表现为黏附力减小。因此，可以说黏着性是土在一定含水范围内表现出来的性质。

3. 渗透性的影响

韩丽华等研究人员从理论上分析了渗透性对吸附力的影响，它一般是通过影响负孔压而起作用的。在渗透性好的土体卸荷的瞬间水能够迅速流入，因而产生的负孔压较小，同时负孔压消散也快；而渗透性差的土体则会产生较大的负孔压，且消散缓慢。同时通过减小吸附力试验证明了在土体与结构体界面铺设渗透性较好的材料可以产生良好的减小吸附力的效果，也说明渗透性较好的土体吸附力较小，但没有给出更为详细的变化规律。

（二）外部影响

1. 入土深度

胡展铭等研究人员采用 Abaqus 软件研究了入土深度对海床基的吸附力的影响，结果表明海床基在起吊过程所受最大吸附力随入土深度增加而显著增大。于凯本等研究人员对海床基的研究也得出相同的结论。研究人员于晓洋的研究表明：当埋深在两倍基础宽度范围内时，基础埋深增加，桩靴的上拔力明显增加。研究人员王子宾的模型试验结果表明：吸附力随埋深增加而增大，在小埋深条件下，单位吸附力与埋深呈线性关系。

2. 上覆荷载

上覆荷载通过影响浸深和固结程度来影响吸附力，上覆荷载越大，吸附力也越大。冯国栋等研究人员的压块试验结果表明预压荷载越大，土被压得越密，拉脱强度越大，吸附力极限值越大。上覆荷载作用位置对吸附力也有较大影响。

胡展铭等研究人员的数值分析表明单点起吊时的吸附力远远小于对称起吊的吸附力。研究人员张富刚采用数值计算对比集中力作用与均布荷载作用下的起浮，发现集中力作用下的土体最大应力比均布力平行起浮大了 20 倍，证明单端起浮土体更容易克服吸附力作用，是一种效率较高的打捞方式。

3. 上拔速度

上拔速度较快时，允许负孔隙水压力消散的时间很短，负孔隙水压力来不及消散，因此吸附力较大。反之，当上拔速度较慢时，允许负孔隙水压力消散的时间较长，负孔隙水压力能够充分消散，吸附力就较小，吸附力随着上拔速度的增加而增加。冯国栋的压块试验结果表明起拉速率越大，拉脱强度越高，即吸附力极限值越大。

三、饱和性黏土中水的流动

根据饱水性黏土的室内渗透试验结果可知，饱和性黏土渗透流速 v 与水力梯度 I 主要存在三种关系，如图 4-1 所示。

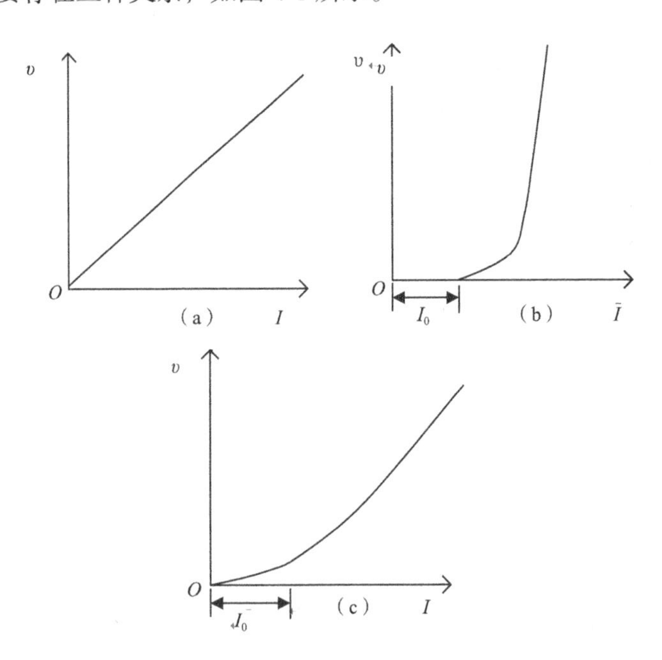

图 4-1　饱和性黏土渗透试验的各类 v-I 关系曲线

① v-I 关系可表示为通过原点的直线，服从达西定律，如图 4-1（a）所示。

② v-I 曲线不通过原点，当水力梯度小于 I_0（某一值）时，无渗透；水力

梯度大于I_0时，起初为一向I轴凸出的曲线，然后转为直线，如图 4-1（b）所示。

③v-I曲线通过原点，I较小时，曲线向I轴凸出；I达到某一数值时，为直线，如图 4-1（c）所示。

由图 4-1 可以看出，饱水性黏土渗透试验要求比较高，稍不注意就会产生各种试验误差，得出虚假的结果。因此，不能认为黏土的渗透特性及结合水的运动规律目前已经得出了定论。

第四节　毛细现象与包气带水的运动

一、毛细现象

（一）毛细作用

毛细作用是指浸润液体在细管里升高的现象和不浸润液体在细管里降低的现象。它的发生是由表面层和附着层上的情况决定的，是表面张力以及在附着层上的推斥力和收缩力共同作用的结果。

在日常生活中，很多地方也会有毛细现象的体现。比如，植物的蒸腾作用就是植物利用自身体内的毛细管将土壤中的水分吸上来为自身所用的。再如，毛巾吸汗帮我们清洁身体、钢笔可以吸收墨水用来写字、将粉笔放入水中可以吸收水分等，其实这都是生活中常见的毛细现象。

对于土壤来说，由于地下水的存在，毛细现象就更多。例如：当遇到干旱时，人们会对庄稼地进行锄松，将土壤中的毛细管破坏掉，从而减少植物的蒸腾作用，减少水分蒸发，以此来保存地下的水分，供庄稼吸收生长；当遇到涝灾时，人们会用滚子将庄稼地地面压紧，从而形成更多更细的毛细管，将地下的水分引上来，加速蒸腾作用，防止庄稼因洪涝而死亡，这些都充分运用了毛细作用的原理。

参照传统的地下水动力学理论，毛细水上升高度可定义为，土壤在毛细力的作用下，土壤内孔隙和裂隙中的潜水都会上升到最大高度。所以，毛细力的作用结果可以通过地下水毛细上升的高度体现出来。当重力和毛细力达到平衡高度时毛细水将上升到最大高度。毛细力是由于水和土壤界面表面张力的作用而产生的。

（二）毛细水带

在地下水面以上，由于土壤中毛细管的作用，水分会沿着土壤孔隙向上迁移。在含水层以上的土壤中，会形成一个水分带被称为毛细水带。土壤的毛细管水的最大上升高度决定了毛细水带的厚度。

毛细水带水分分布曲线的形状特征与土壤本身的性质特征密切相关。由于毛细水带下含水层中的水分来源十分充足，所以当地下水位稳定时，这种水分分布具有较高的稳定性。土壤的性质、地下水位的埋深及变化决定了包气带的厚度和变化，同时也决定了毛细水带的变化。在土壤中，毛细现象受到多种因素，如土质、地下水补给量、地表植被等因素影响。如果将地下水径流量设为恒定的，将土壤认为是均质的，并且在地表不设置任何植被，在此种情况下测定其毛细上升高度曲线。湿润锋高度作为一个观测毛细现象的直观表象，已被多次试验运用，但是湿润锋并不能直观地表现出土壤中的含水率，所以并不能直观地反映出在不同高度毛细现象的强度，因为毛细水在上升时，会受到毛细力、重力以及毛细管表面阻力三个力的影响，所以，当其上升高度越来越高时，由于受到的重力和阻力越来越大，毛细现象的强度就会越来越低直至停止。

（三）毛细水基础性质

1. 表面张力

表面张力是固体表面重要的物理化学参数之一，也是固体表面现象发生的根据，它是一个矢量，具有方向性。因此，表面张力的定义为：作用于表面层内，沿平行表面并垂直于某直线的单位线长上的张紧力，其本质是液体分子间的内聚力作用。在生活中，可体现出表面张力的现象十分常见，如将一枚硬币放置在水面上，它可静止在水面上而不沉没。表面张力是液体表面的一种性质，会受到多种因素的影响，如物质的种类、物质的密度、环境温度、环境压力等。不同物质在相同外界环境下，表面张力不同；同一种物质在相同环境下与不同的物质接触时，表面张力也会不同；不同密度的物质相接触，它们之间的表面张力也会不同；不同外界气压在相同条件下对同一物质的表面张力有影响，但实验证明影响不大；外界温度会影响物质的分子运动，对物质的表面张力有十分直接的影响，且一般液体的表面张力都会随着温度的升高而降低。

2. 接触角

接触角是影响表面张力的一个重要参数，它可以反映液体与固体表面的作用程度。将一滴液滴滴在一个固体表面，液滴在固体表面稳定后，液滴边缘切线与固体表面的平行线会形成一个角度，该角度的大小即接触角的取值。

接触角可以分为两种：前进接触角与后退接触角。前进接触角是在液滴从接触固体表面开始，到逐渐稳定时，液滴边缘切线与固体表面的平行线相交得到的接触角；后退接触角则是用某种方法，将铺展于固体表面的液滴收起时，接触角会逐渐缩小，这种在回收液体过程中呈现的接触角，即后退接触角。接触角的大小将直接影响表面张力的大小。当液体与固体表面有很强的吸引力时，液滴会完全铺展于固体表面上，此时该液体与接触固体的接触角接近于零；当液滴与固体没有吸引力也没有相斥力时，其接触角将接近 90°；当液滴与固体表面有很强的相斥力时，该液体与接触固体的接触角将大于 90°。除了产生接触角的两相的差异会影响接触角外，固体表面的粗糙程度、表面的材料组成以及温度等因素也会影响接触角。

二、包气带水的运动影响因素

（一）土壤质地

为了分析不同土壤质地对包气带水分运动的影响，利用识别、拟合好的土壤参数进行研究分析。设定原有的覆膜、灌溉条件不变，仅对土壤质地进行调整，将剖面内土壤设为不同质地的单一均质土壤。分别在模型中的粉壤土、壤土和砂壤土这三种不同土壤条件下，对包气带土壤水分运动进行模拟分析。主要是为了分析土壤中砂粒含量增加对包气带水分运动的影响。分别对每种土壤质地进行灌溉前后包气带土壤的土水势分布进行对比，同时还对同一时刻不同土壤质地包气带土壤的土水势分布进行对比。

三种土壤在包气带水分运动的趋势上表现了明显的一致性。当植物根系发育程度较低，根系主要利用包气带表层土壤的水分来进行生长发育，浅表层土壤水分含量减少，土水势降低，形成向上的土水势梯度，水分向上运动且未发育有零通量面。当灌溉水开始向下入渗，土壤中埋深在 150 cm 内的浅表层土壤水分开始增加，土水势增大。当灌溉结束后，浅表层土壤的水分大于田间持水量，土壤中水分向下运动，同时由于根系吸水使得浅层土壤土水势不断减小。但埋深大于 150 cm 的包气带土壤在该时间段内受到灌溉入渗的影响大于作物根系吸水的影响，土壤的土水势呈现不断增大的现象，但可以看出，随着深度的增加灌溉水对土壤水分补给的效果存在明显的削弱。

由于粉壤土、壤土、砂壤土随着砂粒含量的增加，粉粒和黏粒的含量减少，土壤中颗粒间孔隙增大，形成的毛细管管径增大，毛细力减小，水分向根系运动能力减弱，对根系周围土壤中的水分消耗减少，含水量减少的幅度减小，从而使得土壤中的土水势普遍较大。

土壤的质地影响包气带水分的入渗，随着砂粒含量增加，孔隙增大，水分下渗能力增强，水分的下渗量增加，而作物可以利用的土壤水分减少，作物蒸腾量减少。在总灌溉量一定的情况下，减少单次灌溉量，增加灌溉次数，可以减少水分进入下层包气带，使得作物可以更好地利用灌溉水。

（二）作物根系深度

作物的生长离不开水分，它主要依靠根系吸取周围土壤的水分来维持其正常生长，根系的长度在一定程度上影响着根系的吸水能力。假设三个剖面均为均质土壤，根系深度分别为60 cm、90 cm和120 cm，同样为覆膜种植、大田漫灌。在相同质地的均质土壤中，土壤颗粒组成相同，颗粒间形成的毛细管直径基本一致，所形成的毛细力大小相等。所以对影响作物根系吸水能力产生影响的仅有根系生长的深度。

在灌溉前后，不同根深在相同深度上土壤的土水势均相差不大，但仍能体现出明显的规律性。深度在70 cm以上的土层，随着根系深度的增加，土壤的土水势增大；深度在70 cm以下的土层，随着根系深度的增加，土壤的土水势减小。这主要是由于随着根系发育深度的增加，土壤可以利用的土壤水分范围有所增加，同时可以利用的土壤水量也有所增长。灌溉后由于水分的入渗在短期会导致规律性变差，但在灌溉5天后，土壤水分随根系深度变化的规律恢复。

由于根系的深度增加可以利用较深的土壤水分，使得研究区包气带上部土壤的土水势较高，土壤水分含量较高。当无覆膜、考虑土面蒸发的条件下，作物根系较深的土壤会蒸发更多的土壤水分，包气带水分整体的蒸腾量增加。

（三）作物潜在蒸腾量

作物的潜在蒸腾量在一定程度上决定了根系的吸水能力，为了了解作物的潜在蒸腾量对包气带水分运动的影响，分别对作物潜在蒸腾量进行设定。假设以植物的潜在蒸腾量作为基准，分别设定为0.5倍潜在蒸腾量、1倍潜在蒸腾量以及2倍潜在蒸腾量。土壤质地为壤土，种植方式为覆膜种植，灌溉方式为大田漫灌，不考虑降水和蒸发。在三种不同潜在蒸腾条件下，灌溉前后土壤土水势随深度的变化趋势基本一致，但土水势的大小差别较大。

由于作物的根系从地表向地下根系的发育程度近线性增长，所以随着潜在蒸腾量增大，作物蒸腾作用增强，叶片失水，叶水势降低，形成从土壤到根、茎、叶水势逐渐减少的分布，使得根系吸水能力增强。由于根系越靠近地表，根系发育的越发达，所以越靠近地表根系吸水能力越强，土壤水分减少的越多，土壤的土水势越低。这就解释了灌溉前随着潜在蒸腾量增加土壤的土水势减小，且在垂直方向上越靠近地表土壤土水势越小的原因。

综上所述，土壤质地、作物根系深度以及作物潜在蒸腾作用对包气带水分运动有影响。

三、包气带水的运动特征变化

下面选取颗粒级配、容重、装样尺寸三个因子作为影响因素，通过开展室内试验，得到相应试验介质的水分特征曲线及水分运动参数。为了分析颗粒级配对水分特征曲线的影响，分别对均匀介质（100% 砂土，以下简称“砂”；100% 粉土，以下简称“粉”；100% 土，以下简称“黏”）和混合介质（砂粉混合、砂黏混合、粉黏混合）这两类介质的包气带水分特征曲线进行分析。

（一）均匀介质包气带水分特征曲线

颗粒粗细不同会影响包气带水分特征曲线的形态，为了研究其形态特征，在相同容重、相同装样尺寸条件下，绘制均匀介质（100% 砂、100% 粉、100% 黏）包气带水分特征对比曲线，如图 4-2 所示。

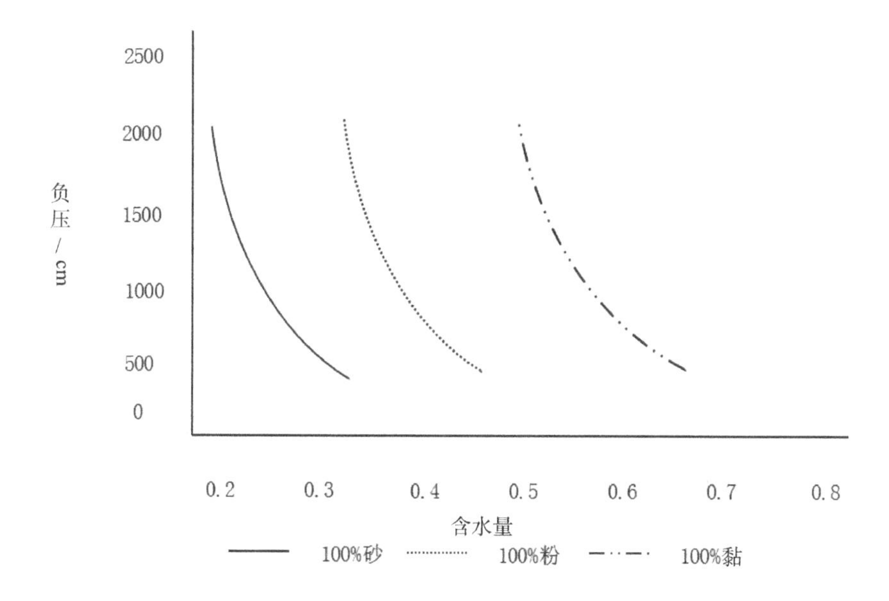

图 4-2　100% 砂、100% 粉、100% 黏包气带水分特征对比曲线

由图 4-2 可知，100% 砂、100% 粉、100% 黏的试验介质水分特征曲线变化特征如下。

①随着含水量的增加负压减小，反之，随着含税了的减小负压值增加，水分特征曲线形态变化一致。

②当负压一定时，介质不同，含水量也不同，变化规律为：100% 黏＞100% 粉＞100% 砂。

③当含水量一定时，介质不同，负压也不同，变化规律为：100% 黏＞100% 粉＞100% 砂。

综上所述：负压的升高与减少与含水量息息相关；均匀介质下包气带水分变化曲线，其特征基本一致；介质颗粒越细，其蓄水性能越强，100% 黏介质的蓄水性能明显强于100%砂介质、100%粉介质的蓄水性能，这是因为介质颗粒越细，其细小孔隙越发育，且对于均匀介质，其孔径分布较均匀，所以，随着负压的增大，含水量减小越缓慢。

（二）混合介质包气带水分特征曲线

通过分析均匀介质（100%砂、100%粉、100%黏）对水分特征曲线形态的影响，可知，颗粒粗细对水分特征曲线形态影响极大，为了进一步探究，下面分析混合介质（砂粉混合、砂黏混合、粉黏混合）对包气带水分变化的影响。

1. 砂、粉混合

以80%砂20%粉、60%砂40%粉、40%砂60%粉、20%砂80%粉的砂、粉混合介质为例，试验颗粒组成不同对水包气带分特征曲线形态的影响，绘制在相同容重、相同装样尺寸条件下砂、粉混合的包气带水分特征对比曲线，如图4-3所示。

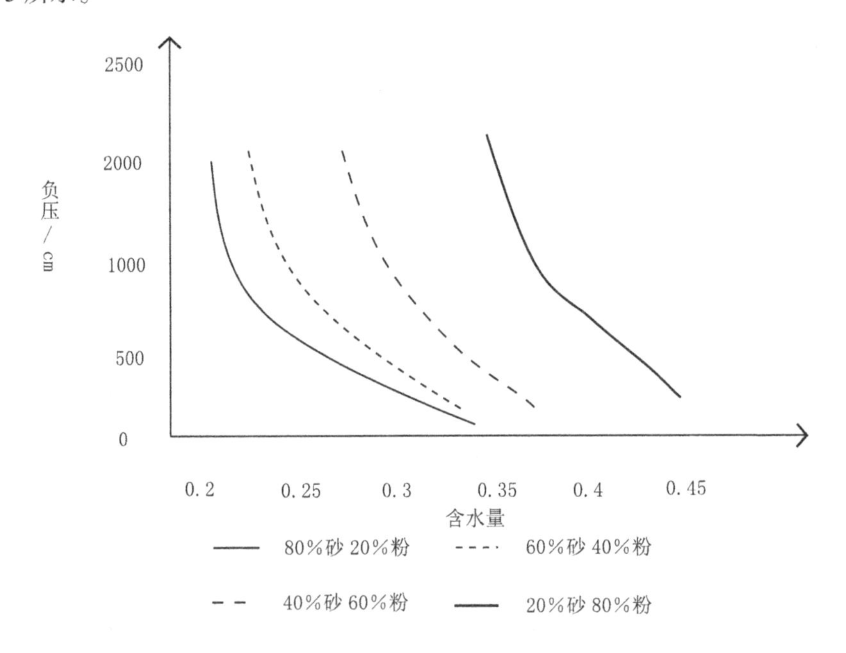

图4-3　砂、粉混合的包气带水分特征对比曲线

由图4-3可知，80%砂20%粉、60%砂40%粉、40%砂60%粉、20%砂80%粉的试验介质包气带水分特征曲线变化特征如下。

①随着含水量的增加负压减小，反之，随着含水量的减小负压值增加，水分特征曲线形态变化一致。

②当负压一定时，介质不同，含水量也不同，其变化规律为：20%砂80%粉＞40%砂60%粉＞60%砂40%粉＞80%砂20%粉。

③当含水量一定时，介质不同，负压也不同，其变化规律为：20%砂80%粉＞40%砂60%粉＞60%砂40%粉＞80%砂20%粉。

④当负压范围在200～500 cm时：80%砂20%粉水分特征曲线、60%砂40%粉水分特征曲线几乎重合。60%砂40%粉水分特征曲线与40%砂60%粉水分特征曲线的距离、40%砂60%粉水分特征曲线与20%砂80%粉水分特征曲线的距离并不相等，而是依次增大的。

⑤当负压范围在500～2000 cm时：80%砂20%粉水分特征曲线与60%砂40%粉水分特征曲线的距离、60%砂40%粉水分特征曲线与40%砂60%粉水分特征曲线的距离、40%砂60%粉水分特征曲线与20%砂80%粉水分特征曲线的距离，这三者之间并不相等，而是依次增大的。

综上所述：负压与含水量密切相关；水分特征曲线形态变化基本一致，但随介质不同发生相应的变化；随着粉粒增加、砂粒减少，介质的蓄水性能逐渐增强，这是因为介质粉粒含量越多，其细小孔隙越发育，所以随着负压的增大，含水量减小越缓慢；随着负压增大，颗粒组成（砂、粉）对介质水分特征曲线形态的影响逐渐增强；在低负压阶段，当介质的砂、粉含量比例为4∶1～2∶3时，颗粒组成（砂、粉）对介质水分特征曲线形态影响较小；当介质的砂、粉含量比例达到1∶4时，颗粒组成（砂、粉）对介质水分特征曲线形态影响较显著。

2. 砂、黏混合

以80%砂20%黏、60%砂40%黏、40%砂60%黏、20%砂80%黏的砂、黏混合介质为例，试验颗粒组成不同对水包气带分特征曲线形态的影响，绘制在相同容重、相同装样尺寸条件下砂、黏混合的包气带水分特征对比曲线，如图4-4所示。

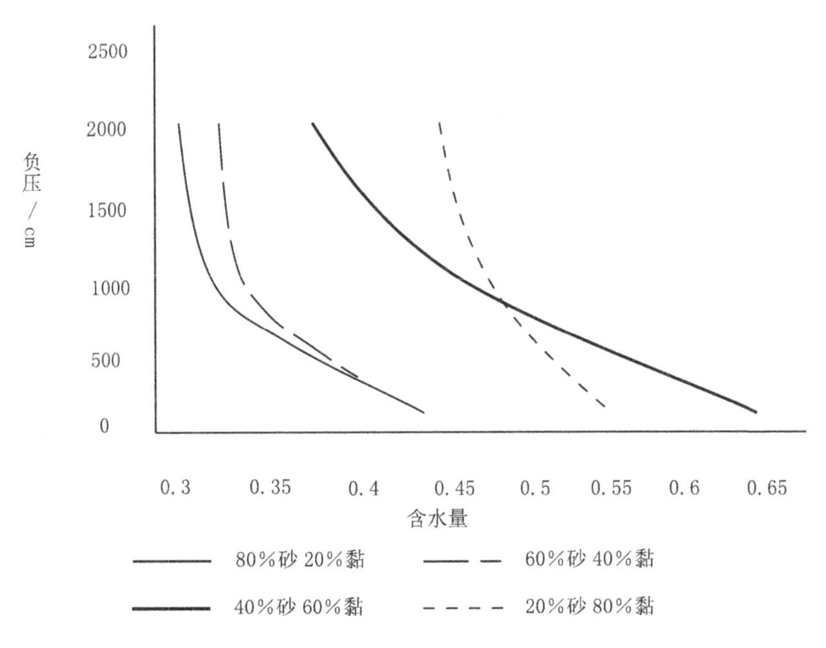

图 4-4　砂、黏混合的包气带水分特征对比曲线

由图 4-4 可知，80% 砂 20% 黏、60% 砂 40% 黏、40% 砂 60% 黏、20% 砂 80% 黏的试验介质包气带水分特征曲线变化特征如下。

①水分特征曲线形态变化一致，即负压随含水量增加而减小，反之也成立。

②当负压范围在 200 ～ 1000 cm 时的特征如下。当负压一定时，介质不同，含水量也不同，其变化规律为：20% 砂 80% 黏＞ 40% 砂 60% 黏＞ 60% 砂 40% 黏＞ 80% 砂 20% 黏。80% 砂 20% 黏水分特征曲线与 60% 砂 40% 黏水分特征曲线几乎重合，60% 砂 40% 黏水分特征曲线与 40% 砂 60% 黏水分特征曲线的距离、40% 砂 60% 黏水分特征曲线与 20% 砂 80% 黏水分特征曲线的距离并不相等。

③当负压范围在 1000 ～ 2000 cm 时的特征如下。当负压一定时，介质不同，含水量也不同，其变化规律为：40% 砂 60% 黏＞ 20% 砂 80% 黏＞ 60% 砂 40% 黏＞ 80% 砂 20% 黏。20% 砂 80% 黏水分特征曲线与 40% 砂 60% 黏水分特征曲线在负压为 1000 cm 时交于一点。而且 60% 砂 40% 黏水分特征曲线与 80% 砂 20% 黏水分特征曲线的距离、80% 砂 20% 黏水分特征曲线与 20% 砂 80% 黏水分特征曲线的距离、20% 砂 80% 黏水分特征曲线与 40% 砂 60% 黏水分特征曲线的距离并不相等，60% 砂 40% 黏水分特征曲线与 80% 砂 20% 黏水分特征曲线的距离较小，80% 砂 20% 黏水分特征曲线与 20% 砂 80% 黏水分特征曲线的距离、20% 砂 80% 黏水分特征曲线与 40% 砂 60% 黏水分特征曲

线的距离较大。

④从整个负压范围（200 ～ 2000 cm）来看，80% 砂 20% 黏水分特征曲线与 60% 砂 40% 黏水分特征曲线的水平距离较小，且在负压为 200 ～ 1000 cm 时几乎重合；20% 砂 80% 黏水分特征曲线与 40% 砂 60% 黏水分特征曲线在负压为 1000 cm 时出现交点。

综上所述：负压的升高与减少与含水量息息相关；随着介质的不同水分特征曲线的变化形态会发生相应的变化，变化形态基本一致；当介质的砂、黏含量比例为 4 ∶ 1 ～ 3 ∶ 2 时，颗粒组成（砂、黏）对介质水分特征曲线形态影响不明显；当介质的砂、黏含量比例为 2 ∶ 3 ～ 1 ∶ 4 时，颗粒组成（砂、黏）对介质水分特征曲线形态影响显著，且负压 1000 cm 为关键点。

3. 粉、黏混合

以 80% 粉 20% 黏、60% 粉 40% 黏、40% 粉 60% 黏、20% 粉 80% 黏的粉、黏混合介质为例，试验颗粒组成不同对水包气带分特征曲线形态的影响，绘制在相同容重、相同装样尺寸条件下粉、黏混合的包气带水分特征对比曲线，如图 4-5 所示。

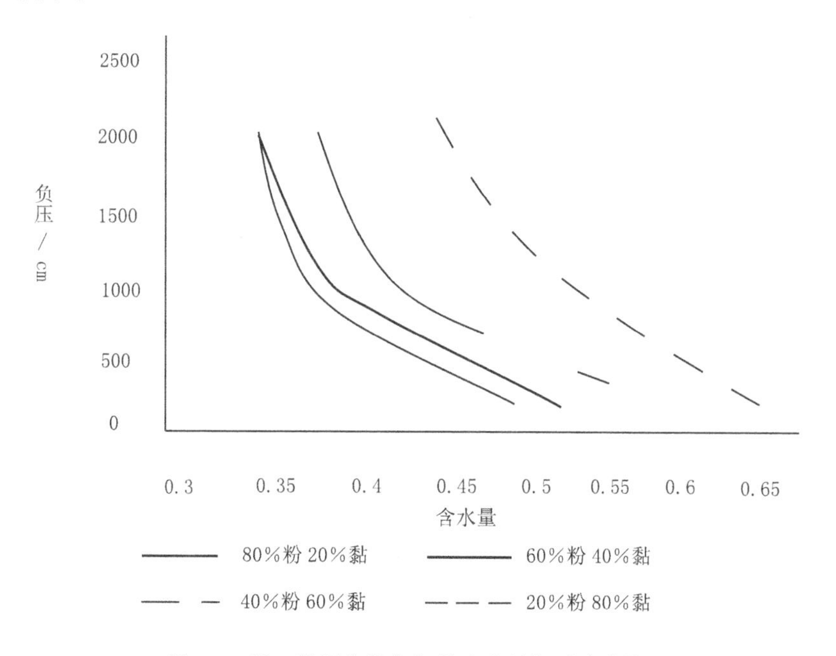

图 4-5　粉、粘混合的包气带水分特征对比曲线

由图 4-5 可知，80% 粉 20% 黏、60% 粉 40% 黏、40% 粉 60% 黏、20% 粉 80% 黏的试验介质包气带水分特征曲线变化特征如下。

①水分特征曲线形态变化一致，即负压随含水量增加而减小，反之也成立。

②当负压一定时，介质不同，含水量也不同，其变化规律为：20% 粉 80% 黏＞ 40% 粉 60% 黏＞ 60% 粉 40% 黏＞ 80% 粉 20% 黏。

③当含水量一定时，介质不同，负压也不同，其变化规律为：20% 粉 80% 黏＞ 40% 粉 60% 黏＞ 60% 粉 40% 黏＞ 80% 粉 20% 黏。

④当负压范围在 200 ～ 1500 cm 时的特征如下。80% 粉 20% 黏水分特征曲线与 60% 粉 40% 黏水分特征曲线的距离、60% 粉 40% 黏水分特征曲线与 40% 粉 60% 黏水分特征曲线的距离、40% 粉 60% 黏水分特征曲线与 20% 粉 80% 黏水分特征曲线的距离并不相等，而是依次增大的。

⑤当负压范围在 1500 ～ 2000 cm 时的特征如下。80% 粉 20% 黏水分特征曲线与 60% 粉 40% 黏水分特征曲线几乎重合，60% 粉 40% 黏水分特征曲线与 40% 粉 60% 黏水分特征曲线的距离、40% 粉 60% 黏水分特征曲线与 20% 粉 80% 黏水分特征曲线的距离并不相等，而是依次增大的。

综上所述：负压与含水量密切相关；水分特征曲线形态变化基本一致，但随介质不同发生相应的变化；随着黏粒增加、粉粒减少，介质的蓄水性能逐渐增强，这是因为介质黏粒含量越多，其细小孔隙越发育，所以随着负压的增大，含水量减小越缓慢；当介质的粉、黏含量比例为 4 ∶ 1 ～ 3 ∶ 2 时，颗粒组成（粉、黏）对介质水分特征曲线形态影响不明显；当介质的粉、黏含量比例为 2 ∶ 3 ～ 1 ∶ 4 时，颗粒组成（粉、黏）对介质水分特征曲线形态影响较显著。

第五章　地下水的化学组分及其演变

地下水主要源于大气降水，其从化学成分来看是溶解的气体、离子以及源于矿物和生物胶体物质的复杂综合体，化学成分复杂。本章分为地下水的化学特征，地下水的化学成分、地下水中化学成分的形成作用三部分，主要包括地下水化学演化研究、地下水的分类、地下水的主要化学成分等内容。

第一节　地下水的化学特征

一、地下水化学演化研究

（一）地下水化学演化认识过程

地下水化学演化是地下水在补给、径流、排泄过程中，地下水与周围介质发生反应、地下水中矿物质量的运移、元素的转移等所引起的地下水化学特征的变化。这种演化理论联系实际，不断丰富着地下水化学演化的研究内容。在20世纪60年代以前，国内外学者对地下水的研究多集中在地下水化学组分的空间动态变化和水文地球化学作用上；而在20世纪80年代之后，随着计算机技术的快速发展和数学、生物学等各个学科的相互渗透，对地下水的化学特征及其演化规律的研究方法越来越多，其研究的范围越来越广。由于工业和农业的发展、大规模城市化加上人口的快速增长，研究方向逐渐转为在人类活动影响下对地下水化学场的演变规律。

2000年张宗祜等研究人员对华北平原地下水化学场演化规律进行了研究，模拟了在外界因素影响下研究区地下水系统的反应，以此来预测地下水环境未来演化趋势。

2004年马尔法（Marfa）等学者对中美洲伯利兹地下水和地表水中的稳定同位素和主要离子进行了分析，发现了可能影响饮用水质量的过程。

2005年陈浩等人对河北平原地下水化学演化进行研究发现工业用水、农业灌溉和人类对地下水需求加大，找到了影响河北平原地下水化学特征的主要因素。

2010年研究人员李佩月通过离子比例系数法和相关分析等多种分析方法发现宁夏彭阳县饮用水地下水松散岩孔隙水水动力相比碎屑岩孔隙裂隙水水动力更强。

2016年研究人员王凯通过经验正交函数（EOF）分解研究了晋祠泉域水化学时空分布特征，并通过多元统计分析研究水化学组分作用，找到关键影响因素，最后运用PHREEQC软件反向模拟讨论了泉域内水流路径演化过程。

2017年研究人员张楠对吉林省伊舒盆地地下水动力场和地下水化学演变进行研究，采用灰色关联分析法分析气候和人类活动与地下水环境的关联度，并根据评价指标体系划分了地下水环境演变的模式。

2019年刘凤霞等研究人员运用传统水化学研究方法如离子比值法揭示了银川地区地下水水质变化情况和影响水化学组分发生改变的人为与自然因素。

（二）地下水化学演化方法

现阶段国内外研究地下水化学演化方法有很多，主要有水文地球化学模拟法、同位素法、多元统计分析法、水化学分析法等。

1. 水文地球化学模拟法

用于水文地球化学模拟的主要模拟软件有WATEQ4F、MINTEQA2、PHREEQC、BALANCE等。魏晓鸥等研究人员运用离子比例法分析了柳林泉域岩溶地下化学特征，运用PHREEQC软件的反向模拟与混合模拟功能，选取水流路径，模拟了研究区岩溶地下水矿物转移摩尔量以及外来井水对该区域地下水的影响。陈建平等研究人员通过PHREEQC软件模拟了沧州地下水中含氟元素矿物溶解沉淀转移量，发现萤石始终处于溶解状态。学者克里斯托斯利用PHREEQC软件水文地球化学建模方法对特鲁多斯（Troodos）裂隙含水层辉长岩中地下水的水化学演化进行分析研究，以识别水－岩相互作用，并模拟地下水的演化以及其在裂隙含水层中与原生水的混合。上述这些国内外学者很好地运用水文地球化学模拟直观地体现了地下水矿物转移量，揭示了区域地下水化学特征及演变规律。

2. 同位素法

自20世纪60年代以来，同位素技术开始运用到研究地下水的流向、年龄计算、水岩作用和地下水污染防治等方面，近年来国内外学者广泛使用碳、锶、氧等同位素去分析地下水化学的演变机理和规律、地下水循环特征、地下水中发生的水－岩作用。研究人员吴春勇采用碳、硫、锶同位素示踪法研究了地下水中碳酸盐矿物、硫酸盐和锶的来源并分析了这些元素对地球化学演变所起到的作用，运用 87Sr/86Sr 的比值分析了主要的化学离子关系，从而去探讨各含水岩组中可能发生的水－岩作用。苏春丽等研究人员通过同位素 87Sr/86Sr 比值与 PHREEQC 软件反向模拟，发现影响贵阳市岩溶地下水组分变化的主要因素是碳酸盐矿物的风化溶解与地下水循环中所发生的一系列水－岩作用。

3. 多元统计分析法

目前，多元统计分析法已经取得了较好的研究成果。

研究人员孙斌对鄂尔多斯白垩系地下水盆地深浅层运用多元统计分析法中相关分析、聚类分析、因子分析等方法研究了该区域地下水化学特征，找到了影响地下水各层化学组分变化的主要因素。

学者文森特（Vincent）使用多元统计分析法（层次聚类分析和主成分分析）对加拿大魁北克省古生代沉积岩含水层系统的地下水化学特征进行研究，揭示了地下水演化的影响因素如下：地质特征，包括沉积岩类型和矿物学特征；以水力梯度为代表的水文地质特征；地质历史，包括最近的冰川期和尚普兰海入侵。

研究人员赵健采用聚类分析、非参数检验和因子分析方法分析了 2003 年至 2008 年中国三峡地区 37 个站点的水质数据集，发现主要污染源来自生活废水和农业活动，为三峡地区制定更好的水污染控制策略提供了基础信息。

研究人员马雷采用非线性主成分分析和聚类分析方法对顾北煤矿进行系统研究，揭示了该煤矿地下水化学组分之间作用和演变规律。

研究人员卢颖通过相关分析、聚类分析方法揭示了各个区域水样之间的相关性，利用因子分析方法对张掖盆地地下水浅中层研究分析，发现了影响地下水浅层水化学特征的因素主要为溶滤与蒸发作用，而地形地貌条件以及浅层越流补给是影响中层水化学特征变化的主要原因。

研究人员张荣对羊昌河使用多元统计分析法，揭示了研究区水化学特征主要受风化、溶滤作用与农业、工矿活动影响。

研究人员林飞将多元统计分析法与地球化学模型相结合，揭示了影响中国黄河上游典型灌溉区中潜水水化学演化的地球化学过程。

4. 水化学分析法

一般认为，地表水和地下水中拥有不同水化学组分和不同的水化学特征，利用调查到的相关地质资料可以揭示地下水的形成演化及循环规律。该研究领域主要研究对象为水文地球化学特征，对分析地下水水循环模式具有极为重要的指导作用。

赋存于岩土孔隙中的地下水，以成百上千乃至数万年为周期不断循环，地下水在循环迁移过程中，持续与接触的大气、地表水、岩石发生物理化学作用，在各种作用的影响下，地下水中逐渐溶解围岩中的可溶矿物组分及气体成分，随着各种组分的积累使地下水呈现出不同的水化学特征。处于不同水文地质条件的地下水由于补给来源、周边环境介质的不同，所形成的水化学特征也不同。

二、地下水的分类

虽然国家对地下水资源的开采有着严格规定和限制，但是对于一些西部缺水地区，地下水仍然是重要的生活和工业用水水源。

地下水的酸碱度与氢离子浓度有关，酸碱度是确定很多化学成分能否存在于水溶液中的指标。地下水按酸碱度分类如表 5-1 所示。

表 5-1　地下水分类（按酸碱度）

名称	酸碱度
强酸性水	＜ 3
酸性水	3 ～ 5
弱酸性水	5 ～ 6.5
中性水	6.5 ～ 7.5
弱碱性水	7.5 ～ 8.5
碱性水	8.5 ～ 9.5
强碱性水	＞ 9.5

水的硬度取决于钙离子、镁离子的含量，地下水中的多价金属离子含量极少，可以忽略不计。硬度的表示方法很多，目前我国常用德国度和每升水中钙离子、镁离子的毫克当量数表示。地下水按硬度分类如表 5-2 所示。

表 5-2　地下水分类（按硬度）

名称	硬度	
	毫克当量 / 升	德国度 /°　dH
极软水	＜ 1.5	＜ 4.2
软水	1.5 ～ 3.0	4.2 ～ 8.4

续表

名称	硬度	
	毫克当量 / 升	德国度 /° dH
微硬水	3.0 ～ 6.0	8.4 ～ 16.8
硬水	6.0 ～ 9.0	16.8 ～ 25.2
极硬水	＞ 9.0	＞ 25.2

总矿化度是单位体积地下水中所含各种离子、分子与化合物的总量，用在105 ℃ ~ 110 ℃时将水蒸干所得的干涸残余物总量来表示。地下水分类（按矿化度）如表 5-3 所示。

表 5-3　地下水分类（按矿化度）

类型	矿化度 /（g/L）
淡水	＜ 1
微咸水	1 ～ 3
咸水	3 ～ 10
盐水	10 ～ 50
卤水	＞ 50

有研究对地下水水质进行评价分析，发现有近 60% 的地下水存在项目超标问题，主要超标项目包括硬度、氨氮、硝酸盐、有机物、铁、锰和矿化度等。其中，矿化度超标，往往伴随着硝酸盐、硬度、氯离子和硫酸根离子超标。对我国各流域地下水矿化度进行排查，结果表明，黄河流域、海河浅层、淮河浅层和西北内陆的矿化度超标率分别达到 39%、39%、26% 和 34%。高矿化度原水作为供水水源可造成饮用水口感异常，影响人体健康，同时可导致工业用水设备腐蚀甚至产品不达标。净水厂采取措施对矿化度超标原水进行脱盐处理，不仅能保障居民生活用水、企业用水安全，也对供水系统设备设施的正常运行有重要意义。

第二节　地下水的化学成分

一、地下水化学成分中的气体成分

地下水化学成分中气体成分的含量并不是很高，但是这些气体成分对于地下水所处的地球化学环境有着重要的意义，同时地下水中的某些气体成分还会增加地下水的溶解能力。

地下水中的氧气和氮气主要源于大气；地下水中的二氧化碳主要源于降水和地表水补给，以及土壤中有机质残骸的发酵作用与植物的呼吸作用等，地下水不同酸碱度下的二氧化碳含量如表 5-4 所示。

表 5-4　地下水不同酸碱度下的二氧化碳含量

酸碱度	在水溶液中二氧化碳含量 /%
5	96.62
6	70.08
7	22.22
8	2.76
9	0.88
10	0.27
11	0.02

二、地下水的主要化学成分

（一）地下水的广泛化学成分——离子成分

地下水中分布最广泛的离子有 Cl^-、SO_4^{2-}、HCO_3^-、Na^+、K^+、Ca^{2+}、Mg^{2+} 七种。Cl^- 源于：盐岩矿床、岩浆岩的风化矿物、火山喷发物质等；生活污水，工、农业废水；海水入侵等。Cl^- 溶解度高，其在弱矿化的地下水中含量极少。在干旱地区的潜水中，Cl^- 含量与矿化度成正比。SO_4^{2-} 主要源于：石膏及其他硫酸盐沉积物的溶解；硫化物和自然硫的氧化；火山喷发；有机质的分解及某些工业废水。Ca^{2+} 的存在会限制 SO_4^{2-} 含量，SO_4^{2-} 是中等矿化的水中含量最高的阴离子。除了以上主要离子成分外，地下水中还有一些其他离子，如 H^+、Fe^{2+}、F^{3+}、Mn^{2+}、NH_4^+、OH^-、NO_3^-、CO_3^{2-}、SiO_3^{2-} 及 PO_4^{3-} 等；微量组分有 Br、I、F、B、Sr 等；还有 $Fe(OH)_3$、$Al(OH)_3$、H_2SiO_3 等；地下水中还存在各种微生物。

（二）地下水微量组分——氟（F）

1. 地下水中氟的来源

2006 年学者法如奇（Farooqi）和菲尔丹斯（Firdous）认为巴基斯坦地区碱性环境及大气污染是导致地区地下水当中氟浓度高的重要原因。在该年，学者卡洛（Karro）等人经过研究得出，爱沙尼亚的公共用水当中氟的浓度高，主要是因为碳酸盐岩的含水层当中地下水氟的浓度过高。

2016年学者莫拉莱斯等人研究了墨西哥中部火山岩沉积物盆地地下水中氟的来源，认为该地区含水层中断裂和断层构造、冲积湖泊沉积物和火山岩的相互作用，为地下水补给及深层地下水中的氟转移到浅层提供了优先途径，同时，高温和岩石风化作用引起含氟矿物的溶解加剧了地下水中氟的含量升高。

在我国，一些学者深入研究了地下水中氟的主要来源。朗文捷、周天慧、朱立军和李景等研究人员在研究过程中，提出了低山丘陵基岩当中含有的角闪石是氟的重要物质来源的观点。

2010年何锦等研究人员认为中国北方地区地下水中氟的富集主要是因为地球的化学演变以及地质作用，地貌、地形等因素能够对其产生深远影响。2015年杨磊等研究人员认为连云港北部地区基岩中的含氟物质经过二氧化碳、水等因素的长期作用，在化学作用、人为破坏下进行了水解与风化，矿物结晶格架遭受破坏使其从矿物中转入水中。

2. 地下水中氟的迁移转化及形成

氟在水体中通常以络合物或化合物的形式存在，通过对氟与其他离子之间的相互关系进行研究，对于了解地下水当中氟的形成有着重要意义。如今，根据大量研究资料可知，研究者主要通过线性相关与统计分析展开研究，而对于地下水中氟富集的水文地球化学过程通常采用计算机模拟或物理实验进行研究。

2010年吉格利里（Ghigilieri）等学者研究得出氟浓度值与pH值之间的相关性比较密切的观点。

2015年学者文卡塔约吉（Venkatayogi）研究了印度泰伦加纳省地下水中氟化物的水文地球化学特性，认为花岗岩中的萤石和磷灰石等含氟矿物是地下水当中氟化物的重要来源，而且当地的气候条件是导致氟富集的另一因素。

1996年任弘福等研究人员对高氟地下水进行了研究，提出了深层和浅层两种不同情况的形成原理以及控制因素，并且这些内容也存在不同之处。浅层的物源是一种吸附性氟，深层当中氟的形成是通过滞缓水运动的作用、含水介质和盐分积累等不同情况所导致的一种综合性结果。研究人员金琼和王元定发现河西走廊地区水文地球化学分带有3个，并且通过研究发现，水化学特征的具体情况对氟具有重要影响，决定了其富集和迁移的情况，并且提出水环境如果具有较低的碱性硬度，那么氟的含量会更多。

1997年曾溅辉等研究人员通过化学动力学和热力学理论等内容研究分析了北邢台山前平原区地下水当中氟的一种地球化学行为，并且展开了有关的数值模拟实验。

2013 年研究人员李巧研究发现，新疆阿克苏地区平原区地下水中氟浓度与 K^+、Na^+、Cr、SO_2、HCO_3^- 浓度之间无明显相关性。

2016 年栾凤娇等研究人员认为新疆南部典型平原区地下水中氟的富集主要受气候、地形、水文地质条件以及水化学环境的影响。

（三）地下水微量组分——碘（I）

1. 高碘地下水的分布特征

在我国，地下水中碘含量偏高的情况普遍存在，大部分分布在华北平原、干旱内陆盆地、沿海地区等。华北平原高碘地下水中碘含量为 3.35 ～ 1106 μg/L；大同盆地区域地下水中碘含量为 3.31 ～ 1890 μg/L，而其在沉积物中为 0.18 ～ 1.46 mg/kg，渭河中下游的关中盆地地下水中碘含量为 2.00 ～ 28620 μg/L。我国沿海地区高碘地下水中的碘，大部分来自沉积物以及海水入侵。除此以外，含碘粒子也会伴随大气降水渗透到土壤中，使得沿海地区地下水中具有较高的碘含量。

2. 碘在地下水中迁移富集过程

地下水中的碘，其迁移富集主要受其吸附解吸、盐碱化、有机质生物降解等水文地球化学过程、含水层矿物特征的影响。程先豪等研究人员研究分析了我国西南地区各种环境下沉积物中碘的迁移富集机理，结果表明不同区域碘的存在形态有所差异。

3. 土壤中碘形态转化的主控因素

有机物还会影响不同形态碘的迁移转化。此外，土壤沉积物当中的 pH 值能够对碘在土壤中的存在形态、离子交换能力产生一定影响。酸性条件下的土壤对碘形成的吸附能力是最强的，原因是铁与铝形成的氧化物 / 氢氧化物会产生吸附作用。

4. 地下水中碘形态转化的主控因素

强还原条件下的碘只能通过碘形式赋存在地下水中。石河子地区地下水中的碘富集包括两个机制：浅层地下水的蒸发作用和深部大量包含有机质、偏还原情况下的地下水微生物作用。除了水化学因素，能够对地下水中碘的迁移富集产生影响的还有自然原因，如地表灌溉以及蒸发浓缩等。周期性灌溉活动不但能够影响浅层地下水的氧化还原环境，还可以通过引入外源物质，促使浅含水层出现碘的迁移富集。在这个过程中，应用深层地下水进行灌溉活动的地区，深层地下水中的碘将富集于表层土壤，然后在降雨淋滤之后出现碘往下迁移，而因为有隔水层的阻挡，会有较多的碘在浅含水层滞留，进而使浅层地下水中碘含量高。还有学者研究提出，大同盆地浅层地下水当中的盐度相对较高，在蒸发作用下使地下水中碘浓度提高。

（四）地下水化学组分——砷（As）

1. 地下水中砷的来源及影响因素

地下含水层中的砷主要源于自然和人为活动。地下水中砷的存在形式分为无机砷化物和有机砷化物。砷在地下水环境中的浓度分布和迁移主要受到砷与含水层介质相互作用的影响。大同盆地碱性地下水环境中，砷会大量从含铁、锰等的氧化物、氢氧化物的矿物上解吸进入地下水中，造成砷的浓度升高。铁的氧化物能大量吸附砷，但在碱性、强还原的地下含水系统中，部分铁氧化物能被还原为可溶性的铁离子，原本在其上结合的砷也被释放进入地下水中。

需要注意的是，砷与含水层介质的相互作用会受到水化学条件的显著影响。砷在地下水中主要以砷酸盐或亚砷酸盐的形式存在，随着周围环境 pH 值的增大，含水层介质会降低对砷酸盐和亚砷酸盐的吸附，使得周围水环境中的砷浓度逐渐升高。

2. 地下水中砷的赋存形态

地下水中的砷形态主要是砷酸根和亚砷酸根。高浓度的无机砷导致了在印度、孟加拉国、中国等国家的部分地区饮水型砷中毒地方病的蔓延。一般砷酸根是地下水中主要的水溶态砷，然而研究发现在美国密西根地区的地下水中亚砷酸根浓度比砷酸根浓度高得多。

除了水溶态的外，颗粒态砷也是地下水中砷的重要组成部分，水中的化学条件如颗粒物、pH 值等发生变化也能够影响颗粒态砷或吸附态砷的含量变化。地下水中砷的迁移转化不仅受地下水组分的影响，而且受沉积物砷赋存形态的控制。不同沉积物中砷的赋存形式差异决定着地下水中砷的转化与迁移。当沉积物中存在砷化物且存在还原条件时就能够形成砷沉淀。在氧化环境当中氢氧化物等沉积物也包含丰富的砷。通过分析含水层当中砷的赋存状态，能够掌握地下水当中砷的迁移、来源等信息。

3. 地下水中砷的分布特征

富砷地下水既能够在还原环境中存在，也能够在氧化环境中存在，不仅能够存在于潮湿温暖的气候当中，还能够存在于气候干旱的地区。在半干旱、干旱以及内陆地区，若含水层存在强还原条件，那么沉积物当中的砷就容易聚集于地下水中。

例如，孟加拉国受到砷污染的含水层多为浅层含水层，若含水层沉积物受到淤泥或黏土覆盖使空气无法接触含水层，再加上沉积物当中一些有机质以固态形式存在，从而制造了强还原环境。

1996 年汤洁等研究人员对内蒙古河套地区进行了研究分析，了解了该地区高砷地下水的具体情况，发现其分布情况和湖沼相沉积环境存在一定的联系，与沉降中心区域呈现出相同的情况。

2006 年吉恩（Geen）等学者发现了古堤岸以及有关河流中高砷地下水的一个主要标志，即沉积特征情况。

2008 年奎克索尔（Quicksall）等学者对高地下水进行了研究分析，提出其分布地区和地貌情况存在一定关联。

2014 年学者马利克（Malik）和比斯瓦斯（Biswas）研究了西孟加拉邦第四纪地层地下水中的分布情况，发现其主要分布在该地区东部的巴吉拉蒂河流域。

2016 年奇丹巴拉姆（Chidambaram）等学者研究了印度东南部沿海地区 3 种不同岩性地下含水层中砷的浓度分布及其与地下水中其他组分的关系，发现垃圾填埋场及农灌区的砷浓度较高，在垂直方向上砷的浓度与含水层岩性有关。

4. 地下水中砷的富集因素

地下水中的砷主要来自含砷硫化物如含砷黄铁矿和富砷黄铁矿的氧化。铁矿物发生还原性溶解，是引起砷污染的重要原因。近几年，很多学者提出，砷富集主要原因为有机物受到微生物的协同作用，使含铁氧化物发生异化还原，再加上砷酸根异化还原。而且，该过程消耗了大量的其他氧化剂，如 NO_2 等，形成了高砷地下水，以亚砷酸根为核心。2014 年罗基（Roti）等学者认为意大利北部克雷莫纳地区的多层地下水中砷的富集主要是由该地区地层中常见的泥炭降解引发铁氧化物还原溶解造成的。

地下水中氧化还原条件发生变化同样能够影响砷含量变化。加入活性有机物就可以提升微生物活性，使氧化还原电位降低，对铁氧化物矿物进行还原性溶解能起到促进作用。而且，引入 NO_2 等氧化剂可使氧化还原电位增加。目前，大多数研究者认为砷释放的主要原因就是铁氧化物发生还原性溶解，但对于其中发挥主导作用的是无机过程还是有机过程，学者们看法不一。

2010 年纽曼（Neumann）等学者对孟加拉国高 As 地下水的人为影响因素进行了分析，认为微生物氧化有机碳使得沉积物中的 As 通过水文地球化学过程释放出来。

2014 年比斯瓦斯（Biswas）等学者用水铁矿和针铁矿的表面络合模型来解释孟加拉国盆地地下水中亚砷酸根和砷酸根的富集，发现仅仅依靠铁氢氧化物的还原性溶解不能完全解释高砷底下水的成因，有竞争性离子吸附的铁的氢氧化物的还原性溶解才是地下水中砷富集的主要原因。

2016 年罗森（Lawson）等学者认为发生溶解性有机碳的生化反应是造成亚洲南部及东南部地区砷从沉积物中释放进入浅层地下水的主要原因。

第三节　地下水化学成分的形成作用

一、溶滤作用

在水与岩土相互作用下，岩土中一部分物质转入地下水中，这就是溶滤作用。溶滤作用的结果是岩土失去一部分可溶物质，而地下水则补充了新的组分。

水的流动状况也将影响溶滤作用。溶滤作用进行时，所能溶滤的主要是难溶盐类，而地下水也就成为以难溶的 HCO_3^- 及 Ca^{2+}、Mg^{2+} 为主的低矿化水。

结晶岩石主要由各种难溶的铝硅酸盐组成，水中含 O_2 及 CO_2 时，方能促使其风化分解，并部分溶入水中。因此，在有利于 O_2 及 CO_2 入渗的浅部及构造破碎带，溶滤作用较为发育。由于结晶岩不易溶解，而且水通过裂隙与岩石接触，作用面积较颗粒状的沉积岩要小。因此，结晶岩中的地下水矿化度一般都比较低。例如，吉林省安图县南部二道白河镇，地处长白山北坡，该地区在地下水长期的溶滤作用下，玄武岩中的 SiO_2 溶解，以偏硅酸的形式富集在地下水中。该地区独特的孔洞裂隙构造为地下水的富集和储存提供了良好通道，也为水岩交互反应提供了空间和物质来源。大气降水补给更新循环地下水，使得溶滤作用不断发生，最终形成该地区区独特的单一型或复合型矿泉。安图县天然矿泉水资源以长白山天池为中心呈放射状分布，矿泉水主要为偏硅酸型矿泉水。

二、浓缩作用

浓缩作用主要发生在干旱、半干旱地区，这些区域的地下水经过水分蒸发以后地下水溶液逐渐浓缩，这时就会使得区域地下水的矿化度增高，沉淀析出地下水溶液中溶解度较小的盐类，这样地下水中的含盐量和含盐类型都会发生变化。

三、脱碳酸、脱硫酸作用

脱碳酸作用是指水中的一部分二氧化碳在温度升高、压力降低的情况下从水中逸出，这就使得水中的碳酸氢根离子、钙离子和镁离子等离子减少，降低了地下水的矿化度。化学成分形成的化学式如下。

$Ca^{2+}+2HCO_3^- \rightarrow CO_2\uparrow +H_2O+CaCO_3\downarrow$

$Mg^{2+}+2HCO_3^- \rightarrow CO_2\uparrow +H_2O+MgCO_3\downarrow$

脱硫酸作用是指在含有有机质、还原环境中，地下水中的硫酸根离子还原成硫化氢的过程，这样就可以减少硫酸根离子，增加碳酸氢根离子，其化学式如下。

$SO_4^{2-}+2C+2H_2O \rightarrow H_2S+2HCO_3^-$

四、阳离子交替吸附作用

含有地下水层的土壤、岩石的颗粒表面在负电荷的作用下吸附阳离子，也能够吸附地下水中的阳离子，这样土壤或岩石中的阳离子和地下水中的阳离子就发生交换，从而完成阳离子交替吸附作用。地下水中某种离子的相对浓度增大，则该种离子的交替吸附能力也随之增大。

五、混合作用及其他

混合作用是指化学成分完全不同的两种水混合在一起，在化学作用下形成和原来两种水完全不同的化学成分的地下水，在有湖泊或者河水的地方的地表水渗入地下，会形成与湖水或河水、地下水不同的第三种化学成分的地下水。在深层地下水补给过程中也容易出现发生混合作用以后含有新化学成分的地下水。还有一种可能就是两种水虽然发生混合作用，但是也不会产生明显的化学反应。

在地下水中化学成分的形成中，还受人类活动影响，主要指生产生活中产生的水混合到地下水中，改变了地下水的化学成分。人类活动对于地下水的化学成分形成即有积极作用，也有消极作用。

第六章　不同岩土介质中的地下水

地下水是运动着的水流，它和周围的岩土介质不断进行着物理的、化学的作用，从而影响地下水流的性质和化学组成，同时也对岩土介质状态产生影响。本章分为孔隙水、裂隙水、岩溶水三部分，主要包括孔隙水的基本特征、孔隙水的基本分类、岩石的裂隙性、裂隙水的类型、裂隙介质及其渗流、岩溶及其研究意义等方面的内容。

第一节　孔隙水

在地壳的表面，多种矿物及岩屑由于不一样的粒度，便可以与表面的岩石、土壤糅合在一起。由第四纪松散沉积物组成的岩土（土壤、砂子、鹅卵石等）由大小颗粒组成，颗粒之间或颗粒聚集体之间一般存在空隙，空隙相互连通，所以称为孔隙。各种岩石和土壤中的孔隙特征差异很大，如果把这些孔隙当成储蓄地下水、体现地下水流动的路径，那么这些孔隙中的地下水就被称作孔隙水。

一、孔隙水的基本特征

相对于其他不同的地下水而言，孔隙水作为一种含水介质具有基本特征。孔隙水存在于孔隙中，既有封闭的也有非封闭的。

孔隙水分布相对均匀、连续，并且经常分层，主要集中在三角洲后半部和河谷平原。孔隙含水层多呈层状分布，形成水力联系紧密、水位均匀的含水层。同一含水层的形成条件大致相同，孔隙度比较均匀，透水性和供水变化较大。裂隙和岩溶含水层较小，同一层很少发生突变。

孔隙含水层中储存的水量和可取出的水量在很大程度会有所不同。究其原因，孔隙水的含水层是包括重力水、束缚水等性质有差异的水的，尤其是细粒岩石构成的半含水层，由于束缚水既具有特别大的含水量，又有巨大的孔隙度，因此大量的水存在于岩层中，但在一个大气压下重力所能给予的水量只是总水量的一部分。

如果地下水循环条件好，原孔隙中的可溶成分在地下水运动过程中会不断被过滤，使孔隙增大，甚至溶入一些溶洞。反之，孔隙就会随之变小，甚至完全充满孔隙水。

二、孔隙水的基本分类

（一）洪积物中的地下水

洪水堆积形成的物质称为洪积物，它们再构成冲积扇。洪积物呈扇形或圆锥形，地貌以山口为顶点。这种扇锥，越靠近山口，坡度越陡，向外逐渐变平，有时，连绵起伏的山地与平原相交，每个山口都堆积着大大小小的冲积扇，扇与扇之间形成洼地，从远处起伏，形成一个单一的区域，称为冲积扇。

冲积扇上部颗粒粗，供水量大。在华北半干旱地区，溢流带往往不够典型，下沉带不那么明显，但潜水盐度和成矿类型仍有显著变化。至于南方，就连盐度的变化也没有那么明显。

冲积层厚度较大时，大致从溢流带向下，不同岩性层理较为明显，水障与含水层交替分层，含水层以下都处于压力之下并含有承压水。在地形合适的地方，含水层中的水可以从井面喷出，这里的承压水主要来自冲积扇上方的主要补给区。在自然条件下：一方面，它以较低的水层排到上层含水层；另一方面，它跟随含水层，流向盆地中心或平原下游，最后排入河流、湖泊或海洋。由于承压含水层排水条件差，水从补给区进入盆地的过程比潜水含水层慢得多。

由洪水形成的冲积扇，流域面积较小，一般规模也较小。此外，由于供水不频繁，缺乏供水水源，难以构成良好的供水水源。大型冲积扇常年多分布在河流的出水口，可以获得大量的定期地表水补给，往往是很好的供水来源。此时冲积扇上沉积物的形成不仅与洪水淤积有关，还与河流全年的淤积有关，故称为冲积扇或冲积沉积。到平原内部，冲积沉积物转化为河流冲积沉积物，它们形成于同一沉积过程，但形成环境却不一样。含水层中的水在一定范围内相互连通，成为一个不可分割的整体。

在我国北部干旱半干旱地区中的城市及工矿企业用水，主要源于大型冲积扇地下水。在特定的自然地理和地质背景下，冲积扇中的地下水有其独特性。例如，冲积扇顶部通常埋深较大，不利于地下水的利用。因此，华北地区大多数城镇都位于溢流带之上，这样有利于地下水的利用。

不同气候条件下冲积扇的水化学分带差异很大。祁连山山前平原气候干燥，年降水量仅 50 ～ 170 mm。补给地下水的降水入渗少，蒸发强，水化学分带良好。冲积扇顶部为盐度小于 1 g/L 的碳酸氢盐卤水，中间过渡带为 1 ～ 3 g/L 的碳酸氢盐氯化物水，其下方为矿化度大于 10 g/L 的氯化水。川西山前平原气候湿润，年降水量大于 1000 mm。从冲积扇顶部到溢流带以下均为盐度小于 0.5 g/L 的碳酸氢盐卤水，水化学分带不明显。

（二）冲积物中的地下水

冲积物是河流中沉积的物质在河谷河流中，冲积物随水流的变化而有规律地分布。例如，在沿途纵向分布中，冲积物的粒度逐渐向原始轨迹延伸。沿途分布的冲积颗粒从河床向不同侧聚集，逐渐变细。表面圆滑的颗粒堆积在一起形成冲积物，通常是有清晰的分层并表现在不同的地貌上，如河床沉积物、漫滩沉积物和河口沉积物。

在中上游丘陵山区，由卵石或砂岩等颗粒状物质构成的阶地，由于山区承载力强，河床阶地具有水层。在雨季，江河水一般不可能达到补给潜水级别。由于河流水位上升，高位潜水也因取水而上升。事实上，由于基岩湖岩的补充、降水和地表径流以及阶地潜水位也有所升高，枯萎潜水加强，河流的水流最终是通过潜水形成的。

平原高坡坡度变缓，流速慢，导致携带泥沙的能力大大降低，堆积的泥沙便流入河床，致使河床变浅，河床慢慢淤积形成“天然堤防”地带，这就是所谓的“地表水河”。黄河就是这样，流经平原后方的河床以海滩上的细粒沙为主。河床逐渐脱离地形，在洪水中逐渐形成低砂质土、亚黏土和小黏土等。

通常情况下，潜水含水层一般分布在河流附近，所以除了降水以外，其主要补给源为河水。由于人们不断对其进行开发，在抽水的过程中，使得地下水位不断降低，潜水位和河水位的落差不断加大，使含水层通过河水得到了充分的补给。在此影响下，减少了对地表水的使用。在干旱及水源缺少的地方，制订用水方案之前必须考虑到这些因素的影响。

（三）湖泊沉积物中的地下水

湖泊沉积物是一种静态的水沉积物，其特点如下：颗粒分选好，层理细；岸边沉积物较粗，向中心逐渐过渡为细粒物质；能形成含水层的粗粒物质一般在断面延伸更远，分层更稳定。因地形、气候、湖泊规模等相关条件的不同，沉积物的结构和粒度也会发生变化。沉积物的特征与冲积物不同。如果湖区面积大，可形成透水性较好的含水层。

（四）滨海三角洲沉积物中的地下水

河流在海洋中时，洋流分散，速度下降，它们携带的泥沙靠近入海口，靠近河口，就形成了三角洲沉积。它分布在岩石中，与其具有共同的结构特征。

入海后，河水挣脱河道的束缚，向外围和左右流动。流速随着河口的变化而变化，越远离河口，沉积物的粒度越细。

三角洲的形态结构可分为 3 个部分。在入口附近，砂质平坦的表面可直接进入，坡度计为三角形水平台。继续前进，它变成了原始的三角洲地区，黏土沉积在该地区。通过在三角洲顶部形成空腔，可以看出：一方面，它从下到上逐渐变厚；另一方面，从原始三角洲底部到三角洲平台，粒径也逐渐变大。

随着三角洲的不断延伸和河流的不断延伸，流速逐渐减小，沉积物在河口堆积并堵塞了河流。水流从天然堤坝上冲出，形成新的河道。原河道由细粒物质堆积而成，逐渐形成固结和压缩。当浸入水中时，它会凝结成黏土和泥炭。

所以在沿海地区，对深海平面的控制都被淡水浸出取代。当三角洲沉积物达到一定高度后，其含水层淡化部分的厚度和范围通常是有限的，使用防水层时，由于位置降低，会引起海水侵入。

（五）黄土中的地下水

黄土是在干燥及早期气候条件下形成的一种特殊土壤。它呈灰黄色或淡黄色，有可见的大孔和垂直节理。在中国，黄土分布在北纬 30° ～ 48° 自西向东的条状平原上，面积约为 64 万 km^2。其中，山西、陕西、甘肃等省是典型的黄土分布区，其地广厚实，各地质时期形成的黄土层均完整。其厚度为几米到几十米，甚至一两百米。

我国是世界上最大的黄土分布国家，全国土地面积的 6% 都被黄土覆盖。

周口店期黄土一般为深黄色或黄色，厚度一般为几米，最厚约为 200 m。其颗粒分布呈垂直状态，黄土的垂直方向水流部分往往比水平黄土上的水流大一些。将黄土中大直径竖井改为吸水井，出水量一般倍增。

马兰期的黄土一般为淡黄色，较薄，一般厚度在几米至 10 m，很少达到几十米。其中部分为粉砂质亚土和粉砂土，古土壤层很少看见，大多数钙颗粒不形成分布层。其构造较为松散，与周口店期黄土的纵贯性相差甚远。但是它有较大的纵向裂隙，透水率优于一般周口店期黄土，垂直方向的透水率也低于水平方向的透水率，流量因此为每昼夜零点几米到几米。

黄土区的形成受到气候、地貌条件、水资源短缺及岩性等多种因素的影响。在黄土高原，拉长的丘陵被称为黄土梁，圆丘下的黄土丘陵被称为黄土峁。黄土一般缺乏防渗层，山谷深切，使潜水深度较大，常埋入一两米，甚至达百米，原因是我国长期存在的包气带相当隐秘，补潜部分大大减少。

（六）沙漠中的地下水

沙漠在我国也有广泛的分布。沙漠地区的年降水量一般不足 100 mm，但年蒸发量却很大，在 2000 ～ 3000 mm。在这一区域，虽然有很好的蓄水条件，但由于缺乏补水源，补给的水只能进入不透水的干岩地层。而在如此恶劣条件下，却经常可以找到一些淡水来进行补充，这些淡水的来源可能包括以下方面。

1. 山前倾斜平原边缘沙漠中的潜水和承压水

位于沙漠边界的平原，通常可以形成潜水及承压水。雪山上的融冰可以补充水分，没有冰雪的时候，高山的降雨也能形成流水。峰顶大部分水渗入地下补给，水位深埋，不受蒸发影响，淡水经常被发现并隐藏起来。

山前倾斜的潜水带上常发现有现代沙丘，泥质浅，土温高，长有羊草。它很可能是沙漠中的绿洲。在沙漠中钻探时可以打到沙漠的承压水。

2. 古河道中的地下水

在平原上，有时也有深埋的古河道。这些地方地势低洼，有利于降水的汇集，而且古河砂性质比较粗，向湖湾和洼地延伸，径流交替条件较好，所以常有较丰富的地下水。古河道带常有水生植物生长，地下水浅，水质好，是淡水的主要来源。

3. 大沙漠腹地的沙丘地下水

沙丘平原可以说是沙漠地区的泥潭，风积砂区具备良好的透水性。如果下面有不透水或弱透水的地层，渗入的水就可以被收集在沙丘中，成为沙丘潜水。此外，由于沙漠地区的温差较大，在气温稍高的暖季，空气中的温度非常高，沙丘可以获得部分温暖的潜水供应。

第二节　裂隙水

一、岩石的裂隙性

裂隙水是指在岩石裂隙中开采和输送的水。它往往是山区、工农业生活用水的主要来源，也是采矿的主要障碍。在某些情况下，当撞击同一岩层中彼此非常接近的岩层时，水量存在巨大差异，甚至每一个洞都有水。有时相邻孔中无水，有时相距很近的水井测得的淡水水质明显不同。在裂隙性岩层中开井时，经常会从一小块岩层中喷出大量的水。

基岩的破裂率较低，层内裂隙的赋存空间十分有限；这种有限的发生空间在岩层中分布很不均匀；裂隙空间扩展具有明显的方向性。因此，裂隙岩岩石一般不具有统一的水力联系和分布水的含水层，而通常是在局部块体范围内岩层中部分裂隙吸收堆积的带脉或花纹状裂隙水，其特点为水量大、个体巨大。脉状裂隙含水系统，一般以一条或数条大水道（如大断层裂隙、侵入岩和岩石接触带等）为骨干，围绕中小裂隙形成。水道的空间分布往往呈现出奇特的特征，向着不同的方向延展。当可渗透的裂隙岩层直接暴露在地表水层中时，层状裂隙水可以是淹没水或承压水。

裂隙的张开程度、连通性程度以及水平变化影响着裂隙中岩石的钻孔运动和方向。岩层的开放裂隙与水结合形成多组分水层——含水层。破裂的岩石是在剧烈作用下产生的。地壳浅层的岩石在长期风化作用下会风化和破裂。

（一）成岩裂隙

成岩裂隙是岩石在成岩过程中产生的原生裂隙。因为岩浆的喷发不发生变化，厚玄武岩的成分发生变化，通常会形成程度不同的岩浆沉积。例如，位于我国新疆的玄武岩，柱状孔隙层和岩浆成分相间分布，透水性水平通常很差，形成普遍劣质的地质含水层。

侵入岩壁的成岩裂隙是在很小的压力和汇聚作用下形成的。各种类型的侵入岩受岩相影响。所以它必须是开放的，这些地方的井出水量往往比较大。

（二）构造裂隙

构造裂隙是由岩石在构造运动过程中受力引起的。在变形阶段，其脆性变形迅速，以各种岩石、片岩、宝石为代表。这些岩石出现较晚，往往隐藏在底部。认为这些岩层几乎没有结构的观点是错误的。

（三）风化裂隙

风化裂隙是指岩石在风化应力作用下发生破坏而产生的裂隙。在温度变化和水、空气、生物等各种风化应力作用下，风化裂隙发育。裂谷上部由物理、和生物风化作用形成。随着裂隙深度的增加，风化作用减弱，风化的岩石瞬间变成新鲜的岩石。一般来说，从几米到几十米的深度，都会形成均匀且有裂纹的网状风化裂隙，像贝壳一样被包围。地下场地岩层的化学开裂受岩性、气候、变形等因素的影响。

（四）应力释放裂隙

应力释放裂隙包括卸荷裂隙、塌陷裂隙和滑坡裂隙。它们都是由地壳岩石的局部解除应力和失去平衡引起的。

1. 卸荷裂隙

地壳中的岩石受到上覆岩石重力的强烈压缩、剥蚀等作用，使地壳深处的岩石暴露在地下。由于上覆岩体失去重力平衡，岩石向地表膨胀，岩石在一定深度范围内产生一系列平行于地面的裂隙。在地下工程施工过程中，由于采空区压力损失，岩石膨胀开裂进入自由空间，导致隧道底部膨胀产生裂隙。这种类型的裂隙是卸载裂隙，或减压裂隙。大多数卸荷裂隙与地表附近风化的裂隙岩体复合。卸荷裂隙一般为开放式或封闭式，对导水率和含水量有一定影响。

2. 塌陷裂隙

由于开挖地下坑或天然溶洞通道膨胀，使岩体失去重力平衡，导致顶板坍塌。其中，没有塌陷的顶板岩石会发生一定的塌陷，形成的裂隙一般为开放性裂隙。塌陷裂隙短而曲折，分支多，延伸长度不一。它是一种导水裂隙，因为只在塌陷区形成，所以并不宽。它对采矿和地下洞穴有很大的影响，给生产带来了困难。

3. 滑坡裂隙

在滑坡体的跳跃过程中，断裂系统各部分受力性质和移动速度不同，受力不均，力学性质不同，会产生不同力学性质的裂隙，一般可将其分为张性裂隙、剪切裂隙、羽状裂隙、鼓胀裂隙和扇形裂隙。张性裂隙主要出现在滑坡边缘，由张拉力形成，剪切裂隙出现在裂隙边界，它的极端往往是羽状裂隙。滑坡体前缘也分布有扇形裂隙，是由土体和岩体扩散引起的，呈扇形径向分布。

二、裂隙水的类型

裂隙水埋藏时间较为复杂。裂隙水层形状为圆形。按裂隙形成程度和水力联系方式，裂隙水可分为成岩裂隙水、风化裂隙水、构造裂隙水、层间裂隙水和脉状裂隙水。由于它们各自的产状不同，它们的空间分布、质量和流动特性也存在一定的差异。

（一）成岩裂隙水

成岩裂隙是在成岩过程中由岩石的形状、固结和提取引起的原生裂隙。当不透水层覆盖在玄武岩成岩裂隙岩上时，承压水便形成了。位于玄武岩中的成岩裂隙通常是按柱状分布的，缝隙宽，具有很好的滞留性，因此它们可作为流体储存的空间，具有良好的水量和水质，是很好的水源。

当有成岩裂隙的岩层被暴露在地面时，通常会出现成岩裂隙，由此构成的清水导水层，往往具有玄武岩水柱状裂隙水的特征。一般来说，它的传播范围很广，补水条件较好，水量充足，可作为中型、大型现场水源。

当成岩裂隙中的岩体被构造层覆盖时，就构成了承压含水层。在岩脉与侵入岩的接触地带常有成岩裂隙水，一般规模比较有限，水量不大。

（二）风化裂隙水

风化裂隙水是赋存于风化裂隙中的地下水。岩石经过风化形成裂隙，基岩的裸露区是其主要分布地，其特点是延伸短、方向性强、风化完整且均匀。风化裂隙水就是上面的潜水。风化裂隙水的补充受气候因素影响。在多雨、海浪平缓的地区，风化裂隙的水面逐渐增大，常以泉水的形式溢出地表。

风化裂隙一般较密，具有一定的张力。风化裂隙的特征受岩性、气候和变形的控制。

（三）构造裂隙水

在裂隙的细节、特性、状态条件和性能分布等因素综合作用下，构造裂隙水的表现相当不平衡，如水力连接不一致、渗流方向各异等，这在构造裂隙中非常典型。

构造裂隙的宽度、延伸隐藏长度、直径和水电导率受岩层性质、单层厚度的影响。

构造裂隙形成的特点是有明显的相对稳定的趋势的。这种趋势主要受不同领域的控制。不同岩层在同一激发场作用下形成的构造裂隙具有反向或相似的方向，主要可分为 3 组：纵向裂隙大致平行于构造线，一般在野外延伸，前缘具有压缩和拉伸作用；横向裂隙一般拉力大，张开最大，但一般不会延伸很远，显示出顶端挤压力；斜向裂隙具有爆炸性，兼具延伸长度和张开性。

夹在塑性岩层中的薄脆岩层几乎总是伴随着快速而均匀的张拉裂隙。脆性时，塑性岩层沿线流动，对夹在其间的脆性岩层施加层状张力，岩层破裂形成张拉裂隙。脆性岩层越薄，裂隙层的抗拉强度和密度越小，这种夹层通常是高山找水的理想位置。

（四）层间裂隙水

层间裂隙水埋藏在成岩裂隙和异形岩区域形成的裂隙中。层间裂隙以网状为主，裂隙间有良好的水力联系形成层状含水层。

层间裂隙水和受纳岩层埋藏分布、富水层厚度、层状裂隙分布范围和形态条件均处于沉积岩区。层间裂隙水主要埋藏在脆硬聚合物中。

层间裂隙水的埋藏分布虽然主要受地层岩性控制，在一定程度上与岩层相容，但其含水层的水丰度并不均匀。

（五）脉状裂隙水

脉状裂隙水埋藏在局部构造断裂带中。含水层的形状不受岩石边界的限制。它是一种脉状或带状的含水层，可以穿过不同层数和不同类型的岩层或岩体，在一些相对耐水的岩石之间逐渐过渡，没有明显界面。地下水为裂隙型承压水或非承压水。

脉状裂隙水的埋藏分布主要受地质构造控制。脉状裂隙含水层的水丰度很不均匀，主要表现在含水层各部分供水能力的差异。而且水的导电性很弱，甚至起到防水的作用。即使在同一岩层中，脉状含水层各部分的含水量也大不相同。当脉状裂隙水交替循环深度较大时，地下水量、水位、水温、水质等相对稳定，气候和地形对其影响不大。

三、裂隙介质及其渗流

（一）裂隙及裂隙网络

不同大小、不同方向的裂隙相互连接，组成了一个不同层次的裂隙网络。因为岩石及水流都具有分布不均匀的特点，所以在一个完整的岩层中，形成均匀分布并且相互连通的裂隙网络几乎是不可能的。部分玄武岩在凝结过程中形成了致密的初始裂隙网络。现有裂隙网络是通过地层中适度加热或有利岩性打通大型水道获得的具有树状结构的网络。

（二）裂隙水流的基本特征

裂隙水流具有鲜明的不均匀性，有时水量大，有时几乎没有水，它是不同层次裂隙水的集合体。各层之间可能具有多个互不连通的不同裂隙。

在整个岩体中，裂隙和裂隙之间的一小部分空间通常很小。水流与裂隙水之间的流场其实是间断性的，除了裂隙中的一些点外，流场的势是虚拟的；其流动被限制在迂回曲折的裂隙网络中，其局部流动方向有时与整体流动方向相同，有时与整体流动方向相反。

（三）裂隙介质渗流的研究方法

用来研究裂隙介质渗流的方法有 3 种：等效多孔介质法、双重介质法和非连续介质法，其研究原理分析如下。

1. 等效多孔介质法

等效多孔介质法就是用连续的多孔介质理论来研究非连续裂隙介质问题。裂隙水流运移在迂回曲折的裂隙网络中，研究起来非常困难。可虚拟一个等效的多孔介质场近似代替复杂的裂隙介质场，不要求两个水动力场完全相似，只要求某些方面相近即可。

2. 双重介质法

一些胶结不足的介质和粗粒砂岩、溶解石灰岩、白云岩等介质有两个裂隙空间，导水率差异很大。大裂隙具有较强的导水能力；小裂隙的导水率很低，但数量众多，储水能力不容忽视。

为了更准确地描述这种介质，可以用两种等效的多孔介质来近似代替这两个裂隙，这种方法称为双重介质法。在双重介质法中，两个裂隙空间分别表征，每个空间都有自己独立的参数，但两个裂隙之间有连接，可以交换水。

3. 非连续介质法

方法论分析方法和一般方法是对裂隙详细信息的宏观粗加工。水头、水力基础、动力学等个别水文地质参数和结构的界面密切联系。为了准确计算这些参数，需要详细描述裂隙及其网络。只有不连续的方法才能满足这一要求。对场地的合理描述，包括每条裂隙的开口宽度、条带长度、发生位置、中点坐标等，都需要一张实际裂隙网络图。非连续介质法可以准确计算裂隙网络任意点的水头、现场水压和渗流速度，是研究裂隙渗流的理想方法。这种方法计算复杂，需要网格模拟或计算机模拟，目前常用于裂隙渗流特性的理论研究。在实际工作中，这种方法主要用于确定地表水压力和面积，适用于规模较小、层次较高的水文地质和工程地质问题的研究。

该方法中使用的具体方法取决于具体工作内容。针对大流量的具体问题，可以采用具体的研究方法。如果具体内容的范围有限，可以采用单一的方法。

第三节　岩溶水

一、岩溶及其研究意义

岩溶是水对可溶性岩石的化学溶解作用以及冲蚀、潜蚀等作用现象的总和。

通过岩溶作用可将缝隙扩大成管道和洞穴，管道和洞穴中的水流速度足以携带泥沙，并通过侧蚀不断扩大洞穴，导致重力坍塌，有时水流可直接到达地表。因此，在地下形成了一条连续的溶洞通道，地表形成了独特的地貌景观，形成了独特的水文特征。

在岩溶地层中储存和流动的水，如岩溶水，通过水和界面进行自我组织和发展形成动态组织系统。

丰富的岩溶水往往是很好的水源；奇峰、奇洞、大泉是生态旅游资源；大量且不均匀的岩溶水对采矿和地下建筑构成威胁，导致大坝和水库泄漏；岩溶坍塌倾倒会影响工厂、矿山和城镇的安全。

二、岩溶发育基本条件

岩溶发育必须具备 4 种基本溶化条件：可溶岩、可渗透岩、破坏性水和水流动性。

水对碳酸盐岩的溶解力很小。二氧化碳只能对溶解在水中的岩石具有破坏性。滴流冲刷能力和流水冲刷能力的不断更新，保证了溶解的连续性。因此，水的流动是岩溶发育的充分条件。在上述基本条件中，最根本的是可溶岩和水流，其空间分布起着决定性作用。

（一）可溶岩

可溶岩包括碳酸盐岩、硫酸盐岩和卤水岩。

存在于碳酸盐岩中的边界地层与沉积物共存，导致构造裂隙的形成。碳酸盐岩多为浅海沉积，其沉积方式与碎屑岩相似，具有独有的特征。碳酸盐岩的孔隙度通常在 1%~3%。碳酸盐岩主要有白云岩和碳岩两类。在地面基础上，白云岩的溶蚀作用不如石灰岩强，但比较均匀。

碳酸盐岩呈层状分布，受岩性和层厚控制。其构造裂隙致密、分布均匀，形成岩溶吸收均匀的溶洞层；厚厚的纯石灰岩层为欧式结构，宽而长，分布极不均匀，形成大型溶洞，但溶洞不均。在碳酸盐岩裂隙早期，其特征控制了水流的优先输运路径，导致不同的溶蚀作用。

（二）水流对岩溶发育的控制作用

在影响岩溶的关键基础条件中，最重要的是水流条件。要掌握岩溶和岩溶水规律，必须掌握关键的水流分析。因此，水流系统分析是探索岩溶过程的重要工具。

三、岩溶水系统的改造与演变

（一）介质改造机制：溶蚀—机械侵蚀—重力崩塌

碳酸盐岩中腐蚀性水流进入裂隙，会溶蚀裂隙壁、扩大水流通道，造成溶蚀裂隙，也就是管道。当管道溶解时，水流由层流变为间歇流，水流的能量被携带到沉积物上，管道的机械侵蚀成为溶洞的主力。

携带污泥的水流横向循环，会引起横向膨胀。当横向膨胀达到一定程度时，剧烈的向下倾倒塌陷作用于周围包层，此时重力塌陷成为变形的主要力量。水洞和天坑的不断坍塌在地表形成了山脉、森林和被侵蚀的洼地。可见，可溶性岩石的瞬时溶解伴随着磨蚀、重力坍塌等作用。因此，可溶性岩石的溶蚀改造，不是单纯靠溶解形成的。

（二）差异性水流与介质差异性改造

开放裂隙形成的网络通道中，流动路径具有选择性，优势通道流量最大；集中水流的优势通道溶解力强，裂隙扩展快；快速扩张的裂隙可以吸收更多的水流使得溶解作用更强。此时流动和相应的机械变形以重力坍塌为主，形成管腔系统（岩溶管腔系统）。正是这种正反馈的自组织行为，使得转化后的可溶岩极不均匀，因此，岩溶水的空间分布也极不均匀。在给定气候和岩性结构的空间内，动能与水流持续时间的乘积等于作用在可溶岩壁上的总能量。在预测岩溶带时，可以通过岩溶（趋势）、初始裂隙（动态）和水势场绘制岩溶流线，推断岩溶附近的空间分布。

（三）我国南方岩溶的地下河系统化

溶蚀的基本水平控制着岩溶过程。在可溶岩中，由一个岩溶基准面控制的几个岩溶水系统最终会成为具有统一区域溶蚀基准面的岩溶水系统。从岩溶水系统来看，其是从一些局部水系统到统一的区域水系统的过程。

与地表水一样，岩溶水系统也是一个可追溯和发展的过程。在溯源和开发过程中，潜在目标内的岩溶水系统随时可能受到攻击，主导岩溶水系统与河流系统融合，形成统一的地下系统工程。

（四）新构造运动对岩溶发育的影响

山地抬升通常是基于时间的结构抬升和稳定的结果。在结构稳定时期，水流以相近高度不断流动，岩石集中，形成管腔系统。在构造抬升过程中，不断变化的水流位置阻碍了管腔系统的形成。不同的高地层管状溶洞系统可使构造隆升、稳定上升；中间的管状溶洞系统普遍干涸，但也有蓄水的可能。在新构造运动时期，对应地表岩溶洞穴系统的状态，台地被分阶段侵蚀。

当新构造运动短时间稳定后隆升时，可溶岩间隙带内形成两级局部流动系统，水流量大，溶解剧烈。因此，该地区形成岩溶通道，岩壁带以微羽状溶蚀裂隙为主，留下薄弱的容器“隔壁”。

四、岩溶水的特征

（一）岩溶水介质特征

由于初始裂隙分布不均，紊乱流占优势，受优势流的影响，南部岩溶水系统由细小的裂隙和分布宽阔的洞穴及管状洞穴组成。对贵州省后寨地下河出口总流量进行分析：导水能力差、体积大的小裂隙空间为储水空间，开放的溶出裂隙为输水空间，管腔也为输水空间。贵州省遵义市绥阳县的双河洞是亚洲第一的地下溶洞群。截至 2018 年 4 月，测得的该溶洞长度为 238.48 km。岩溶水被认为是孤立的管道流，长期以来一直处于主导地位。20 世纪中叶左右建立了多种岩溶介质的概念。

岩溶水水量、围岩大小、形成的原因与岩性结构和气候有关。极小的碳酸盐岩层间反应剧烈，层间错位，断裂结构相对致密。相关的可溶岩溶解不是很强，而且地层是均匀的。在南部溶蚀带和块状碳酸盐岩中，由于溶蚀作用强，地层介质不均，易形成溶蚀层和大裂隙，大量水干涸的情况并不少见。

（二）岩溶水运动特征

岩溶含介质的孔隙大小悬殊，因此，岩溶水系统中通常是层流与紊流共存。北方岩溶地区以溶蚀裂隙为主，多为层流。南方岩溶区：在裂隙及溶蚀裂隙中，地下水做层流运动；在宽大的管道或洞穴中，水力梯度可从 0.1% 到大于 10%，流速在 100 ～ 10000 m/d。由于岩溶管道断面沿流程变化很大，某些部分在某些时期局部的地下水是承压的，在另一些时间里又可变成无承压的。

（三）岩溶水补给及排泄特征

在南方典型的岩溶地区，形成深洼地，地表形成岩溶洞、落水坑和井筒，岩溶水系统的吸水能力大大增强。

在岩溶过程中，不断扩大岩溶水流域面积，并将大面积的水体纳入系统。部分沿岩溶水面下行的道路往往成为地下河系的一部分，使其整体在地下得到改善。

由于地下河流系统化，往往形成统一的可溶水流系统。对于大型岩溶泉或岩泉中的泉源，泉流的流速可以大于 1 m/s。在这种情况下，流量最大与最小之间的比率可以大于 100。

由于向斜的地质构造多分布于北部岩溶地区，具有平坦且宽阔的特点，岩溶水系统集水面积大于 1000 km^2 的情况十分普遍，最大可大于 4000 km^2。

在岩溶地区，水体很容易渗入地下，有很多地表水，没有水流。因此，岩溶水系统中水的空间分布并不集中。

（四）岩溶水动态特征

我国南北方岩溶水动态特征存在明显差异。南方岩溶水的响应非常敏感，流速变化很大。在典型的岩溶地区，溶洞充填、水流畅通、地基集中，再加上岩溶水（供水）的渗透性，不能决定岩溶水位的动态变化。

北方岩溶水动力稳定的原因如下：集水区有入渗，水流动态稳定；集水区不同部分不同步，时间上有交错效应；补充区松动，沉积物被分散覆盖，渗入渗流区引起雾化。

（五）岩溶水化学特征

岩溶水径流快，淋溶性强，一般为 TDS 水，其中南方岩溶地区 TDS 浓度低。

五、中国南北方岩溶及岩溶水发育的差异

南方岩溶渗流充足，岩溶现象较为典型。地表有峰林、天坑、竖井、溶蚀洼地等；地下有许多地下河系，岩溶溶解度和岩溶水空间分布极不均匀。北方地表岩溶不溶，多呈正常山体形状；地下以溶蚀裂隙为主，有洞穴，未见地下河系，岩溶、岩溶水在空间上分布均匀。

在南方主要岩溶区，已知岩溶地下河系统有 3000 多个。南方岩溶水系统范围多为 100 ～ 200 km^3，而北方岩溶水系统范围多在 1000 km^3 以上。南方岩溶水对响应非常敏感，流速变化很大。北方的大型岩溶水以稳定的水流回应。地层岩性、构造和气候等是造成南北方岩溶和岩溶水出现差异的主要原因。

第七章　地下水资源分析评价与开发管理

地下水作为不可或缺的一种水资源，在人类的工作、生活中扮演着重要角色，所以对于地下水资源的分析评价与开发管理一直是人们关注的热点。本章分为地下水资源的特点、地下水资源的应用、地下水资源的属性及其意义、地下水资源的管理与规划、现代地下水资源的评价五部分，主要包括广泛性、变动性、稳定性、水资源应用的理论基础、储存资源及其意义等方面内容。

第一节　地下水资源的特点

一、广泛性

地下水资源的分布范围十分广泛，且不易受到地理条件和水文地质条件的影响，因而通常地下水开采十分便利，相应的投资较少，特别是在缺乏地表水资源的地区，地下水更是重要的供水水源。

二、变动性

地下水特征要素包括水位、水量、水质及水温等。在外界因素影响下，这些要素会随着时间变化，动态反映地下水形成的径流、补给、排泄条件。因此，研究地下水动态变化特征，可以更充分、更准确地了解地下水动态变化规律，从而可以更合理、更科学地评价地下水资源，验证地下水超采治理效果。气候、水文等自然条件变化及人类活动等都是影响地下水变化的重要因素。因此，国内外很多学者对地下水动态变化特征及影响因素进行了研究。

国外学者很早就开展了针对地下水变化特征的研究：1978 年苏联学者普罗森科夫（Prosenkov）主要对莫斯科盆地中部地区的地下水动态变化特征进行研究；海顿（Hayton）通过分析地下水动态变化特征，提出应该将地下水动态控制作为水资源管理要求与政策制定目标；皮奈（Pinay）等学者通过分析法国西南部卡隆（Garonne）河流洪泛区的地下含水层的硝酸盐浓度动态变化特征，提出应该控制河流湿地的点源污染来保护地下水资源。早期的研究主要是认识地下水动态变化特征，研究方法相对简单。

到2000年前后，研究的重点集中在人类活动和气候变化对地下水动态的影响程度上。例如：斯坎隆（Scanlon）等学者发现由于人类活动引起农业生态系统产生变化，从而影响地下水补给及水质，通过分析这些变化对美国西南部的内华达州阿玛戈萨沙漠和德克萨斯州高地平原的地下水补给和溶质运移的影响进行研究；辛格（Singh）等学者主要对印度的西北部旁遮普地区，利用遥感和地理信息系统（GIS）评估土地利用变化对地下水水质的影响；麦卡伦（Mcallum）等学者研究了澳大利亚地区的气候变化对地下水补给的影响，并分析了气候变化对地下水补给的敏感度；马赫斯瓦兰（Maheswaran）等学者对加拿大阿尔伯塔地区的地下水位动态变化及水位对气候变化的敏感度进行了分析研究；格瑞（Green）等学者在气候变化对地下水的影响方面做了很多研究，并提出在全球气候变化的背景下，需要更加谨慎地管理和开发地下水资源。

20世纪40年代，国外相关学者通过建立区域性地下水运移差分方程实现了对地下潜水的动态预测。我国对于地下水动态变化特征方面的研究相对较晚，从20世纪50年代开始才逐步建立了一些长期地下水观测站点。直到20世纪70年代后期，经过水文地质调查和观测数据的积累，才有学者逐步开始研究分析地下水动态变化。例如：辛奎德根据地下水化学的分析结果，进一步研究了地下水的活动规律和地下水的形成历史；刘光祖对民勤西沙窝地区地下水的水位、水化学成分、矿化度和硬度的动态变化开展了研究；王积心研究分析了季节冻土区沙丘及其前沿农田地下水的动态和土在冻融过程中水分变化规律。

到21世纪后，随着信息技术的发展，人们对地下水动态变化特征的研究更加深入，更加侧重定量与定性相结合研究。例如：廖资生等研究人员研究分析了松嫩盆地的地下水化学变化特征和水质变化规律，并提出通过利用松花江水开展地下水人工回灌来保护和改良地下水水质的方案；研究人员方燕娜以吉林中部平原为研究区，分析了该地区的地下水位动态，提出在无明确区域地下水位降落漏斗情况下，如何判定地下水超采的方法；张光辉等研究人员通过对河北平原的地下水补给量、降水量及农业开采量动态变化规律及其相关关系开展研究，提出要重视干旱年份对地下水的影响，并提出一些应对措施；马兴旺等研究人员将土地利用作为影响因子，利用GIS和FEFLOW模拟计算地下水矿化度，结果证明土地利用对地下水矿化度产生一定影响，而且以目前的模式发展下去，会导致地下水矿化度持续上升，并加重土地盐碱化程度，最终影响土地的质量；刘文杰等研究人员利用传统的统计学分析方法，研究了民勤地区地下水化学特征及矿化度时空变化规律，研究发现单一的节水措施并没有明显改善地下水环境，而生态补水工程的实施能有效改善地下水生态环境；张盼等研究人员运用时间序列模型研究分析了长武塬区地下水位动态变化特征，并建立了地下水位动态模拟和预测模型，为该区域地下水的开发利用提供了科学依据；张喜风等研究人员结合遥感与地统计学方法，研究分析敦煌绿洲土地利用变化对地下水位时空变化的影响，结果表明土地利用变化与地下水时空变化存在一定的响应关系。

三、可恢复性

地下水资源处于动态变化状态，其消耗和补给可以处于平衡状态，这样使得地下水资源具有一定的调蓄性，在降雨引发了洪水或者在干旱的河床断流的情况下，地表水资源严重缺乏，这种类型区域的地下水资源就具有一定的可恢复和可调节作用，相当于在这些区域建造了一个大型地下水库。

四、有限性

虽然地下水资源具有可恢复性，但如果长期开采却又得不到补给，势必会减少地下水的存量，严重时会出现地下水枯竭的情况。在遇到雨季时地下水的补给量会增加，地下水位上升，在旱季时地下水位的排泄会大大增加，继而导致水位下降，不过这种水位变化往往是周期性变化，会受到气候和水温的变化，因而长期来看地下水量会处于动态化的平衡状态。

具体来说，在雨季时，地下水的补给量十分充足，不仅可以满足人工开采需求，而且可以有充足的补给量。如果此时进行二次开采则会导致补给量减少，当减少到一定程度，与开采量保持平衡状态时水位会在某一个高度维持稳定。在旱季时地下水本身的补给量很少，地下水的自我恢复性能往往无法达到平衡状态，如果此时还继续进行开采则需要扩大抽水井的下降漏斗和疏干量，以此提升抽取的补给量，待开采量与补给量逐渐平衡时地下水位便会由现在的基准面逐渐下降到另外一个基准面，最终保持稳定状态。

目前，水文地质方面的研究专家通过对地下含水量与可开采量的关系进行分析论证后，认为地下水开采量主要有两种发展趋势：一是旱季所开采的水量可以在雨季时全部补充回来，这样当年的地下水位最大降低量可以与补充量保持在一定的平衡状态，可以保证地下水开采的可持续进行；二是旱季时所开采的水量没有在雨季充分补充回来，导致当年补给量无法满足开采量的需求，最终导致地下水位持续性下降，严重时还会出现超过地下水开采设备的最长吸程的情况，最终影响地下水长期开采目标的实现。要想实现地下水可开采量的优化配置，需要重点做好两方面的工作，即保证地下水补给量与开采量保持平衡、地下水位最大吸收深度与开采设备允许的降深保持一致。

五、稳定性

地下水赋存于地下，受到天气变化和人类地面活动的影响较小，水质较为干净，水量较为稳定，但其一旦受到污染则会导致治理工作存在极大的难度，因而需要积极做好地下水资源的保护工作。

第二节　地下水资源的应用

一、水资源应用的理论基础

（一）可持续发展理论

1972 年在瑞典斯德哥尔摩召开的世界环境大会提出并使用“可持续发展”理念；1980 年的《世界自然保护大纲》提出将“保护”与“发展”相结合，在合理利用和保护生物圈的前提下，进行经济发展；1987 年，“可持续发展”被世界环境与发展委员会定义为在不危害后代满足其自身发展的前提下，尽可能地满足当代人的需求；1991 年，《保护地球——可持续生存战略》报告中，将可持续发展定义为“在生存不超出维持生态系统承载能力的情况下，改善人类的生活质量”；1992 年，里约热内卢全球环境与发展大会通过《21 世纪议程》，并把可持续发展作为满足未来经济发展的重要方针和满足人类未来发展的重要路线。

“可持续发展”概念遵从 3 个重要原则。

第一，公平性原则。首先，满足当代公平，即不但满足当代人的需求，同时满足当代人的欲望需求和未来规划。其次，满足当代与后代之间的资源分配平衡，不能过度占用后代人的资源来满足当代的发展。

第二，可持续性原则。在人类发展经济和社会的同时不能超出生态环境和自然资源的承载力，以达到人和自然之间的平衡稳定。

第三，共同性原则。人类的目标应是共同的，在保护地球环境的前提下，追求发展。各国各地区应该进行有效的合作以达到可持续发展的目的。

可持续发展涉及社会、经济、资源、人口、环境等各个方面，并且在不同的学科和侧重点下，可持续发展的理论有不同的定义。但其核心目的是在经济与社会稳定发展的同时，实现资源在时间与空间上的合理利用，满足当代人群和后代人群之间资源的合理配置。

水资源是自然资源的重要的组成部分，人类的生产生活离不开水资源的支持。因此，水资源在区域性的可持续发展中起着关键性的作用。在当前水资源匮乏、水资源恶化、地下水资源开采严重、水污染加剧等背景下，水资源的可持续性发展就显得尤为必要。将可持续发展作为目标，区域水资源承载能力作为限制条件，实现水资源的合理配置，是现阶段水资源研究的首要发展方向。

（二）循环经济理论

一百多年前，马克思在《资本论》中提出，将生产废料减少到最少，以循环的方式提高原料的利用率，这是循环经济模型的雏形。美国经济学家鲍尔丁（Bounding）于1966年提出“宇宙飞船理论”，由此创建了循环经济学的概念。人类无法永久在“资源—产品—污染—排放”的单向流动的模式中生存，为避免地球因资源枯竭而走向毁灭，循环使用现有资源成为唯一答案。循环经济是以资源的高效利用和循环利用为宗旨，以“减量化、再利用、再循环”的原则为宗旨，以低耗减排为特征，与可持续性发展理论相呼应的经济增长模式。在效仿生态系统运行模式的前提下，将单向流动的模式转换为“资源—产品—再生资源”的闭合回路，减少为生产产品而消耗的原料，从经济活动的源头实现节约资源，最终实现与可持续性发展相协调的环境、经济、生态效益统一局面。

水资源循环经济近几年已成为备受国内外学者关注的焦点，但仍未形成系统的理论。水同时具有生态功能和资源功能，是地球上一切生物赖以生存的必要条件。学者张凯在《水资源循环经济理论与技术》中的理论指出水资源循环经济应以循环经济理论为指导，以无公害为基础，遵循减量化、再利用、资源化的原则，在水资源承载力范围内，合理开发利用水资源，减少水污染，提高水资源利用率，保护和改善水生态系统，实现水资源的持续利用。为满足社会需要的“水质”和“水量”，不能仅仅利用资源功能明显的水体，应遵循水资源可再生性特点循环利用水资源。改变传统水资源“无节制取水—粗犷利用—污染排放”的单向流动方式，向“节约取水—节约用水—废水循环再利用”的闭合回路转变，保护水资源及水生态环境，实现水资源的循环经济可持续性发展。

水资源的利用与管理也逐渐成为我国关注的焦点问题。我国《循环经济促进法》第十六条规定用水超过国家标准的重点企业，实行水耗重点监督管理制度；并在第十七条、第二十条、第三十一条中，提出了节水与循环用水的新要求。我国将提高工业用水效率和废水资源化利用作为发展水循环经济理论的新思路。

二、地下水开发与应用

（一）采取宣传手段对水资源展开保护

在信息时代，可以借助互联网手段结合特定的节日展开宣传，树立正确的生态保护观，引导居民尽职尽责，对水资源的保护从我做起，杜绝在生活中浪费水资源，同时完善水资源相关的信息发布动态，发挥导向作用。

（二）节约用水及合理开发

节约用水作为水资源配置中的关键工作，需要政府和当地居民的共同努力，要在日常生活中养成节约用水的习惯，将政府给予的指导和建议运用到实际工作中，且在开发阶段遵照法律法规，杜绝非法开发和采用，大力推广节水措施。要借助科学手段对地下水的开采进行合理布局，以实现合理开发、控制开采、留有余地、良性循环的终极目标。

（三）与现有资源结合

在地下水的开发过程中，要充分利用当地现有的水库及塘坝水体的渗漏，将其当作地下水的补给来源，也可选择地下水水位深且容水空间大的地段，建造水库以供使用，加上储存自然降水，使之形成一个良性循环使用的水域环境。

三、水资源利用率研究现状

水资源是人类生命之源、生产之本、生态之基。水资源作为人们日常生产和生活中必须且不可忽视的重大战略性资源，其可持续性关系着社会发展的方向。美国地质勘探局于1894年首次提出“水资源”概念，由于其可再生性，水资源的稀缺性在日常生活中不易被发现，导致了人们对其忽视和对水资源的浪费等现象的发生。随着社会经济的发展，人类对水资源的需求大幅提高，人们逐渐意识到提高水资源效率才能解决水资源供需矛盾等问题。因此，许多国内外专家学者开始对水资源效率问题进行研究，为如何实现水资源可持续发展寻找答案。

国内外对水资源利用效率的研究较为成熟，主要集中在城市、工农业用水效率等方面，相关学者一般选择主成分分析法、随机前沿法和数据包络分析法等对其驱动因素及影响机理进行分析探究。

在农业方面，研究人员杨骞和刘华军利用距离函数模型对中国农业水资源利用效率进行分析，分析结果显示水利设施与政策制度对水资源利用效率产生促进作用，而对丰裕度则有负面影响；武翠芳等研究人员基于微观农户视角，探究张掖市甘州区的水资源利用效率问题，研究结果显示当地水资源利用效率水平高于生产效率水平。

在工业方面，姜蓓蕾等研究人员对影响工业水资源利用效率的驱动因素进行了研究，结果表明工业科技进步对水资源利用效率具有正向作用；李静等研究人员的研究内容为工业水价对水资源利用效率造成的影响研究，结果显示现行水价政策的调节功能存在很大程度的不足，未起到提高配置水资源效率的作用。

在城市方面，邱琳等研究人员以提高城市供水效率作为研究目的，首次利用数据包络分析模型对城市供水效率进行科学的评价，结果证明了该模型用于城市用水效率方面的研究的可行性；吴华清等研究人员在考虑城市水资源的投入产出关系的前提下，研究了城市水资源的利用效率，研究结果发现我国城市水资源效率值整体偏低，且地区化差异显著；研究人员宋国君和何伟的研究结果证明了基于参数估算水资源利用效率标杆的可行性及其现实意义，建议将人均水耗纳入其目标管理体系当中，为城市用水合理化决策提供了建议；研究人员董毅明和廖虎昌运用数据包络分析模型对我国西部 12 个省会城市的水资源利用效率进行了分析，研究结果表明科技发展是制约当地水资源使用效率提升的主要因素。

就指标的选取而言，水资源综合利用效率评估在对投入指标的评价上仍然存在一定的共性，早期有些学者将 GDP 作为唯一的产出，用以探究投入最低的水资源成本，从而获取最高综合效益的研究。在实际生产过程中，除了期望产出，也需要考虑污染等非期望产出。因此，广大学者后来将废气、污水等非期望产出纳入指标体系中，去综合测度其环境效益。

为了解释不同国家和地区经济在受到冲击后维持稳定能力的差异，“韧性”被引入地理学研究中，成为继“绿色”“可持续”和“精明增长”等概念之后又一个直接影响经济增长变化的重要理念。早期，韧性在物理学的角度被理解为一个系统在不改变其结构、功能和身份的情况下所能承受的扰动量。后来，生态学家霍林（Holling）在分子生态学中承认系统的多重性，并将韧性范围拓展为不仅可使系统能够回到原始的平衡态，而且能够从一个平衡态过渡到另一个平衡态。接着，基于演进理论的学者把韧性定义为区域不断调整其社会、经济体制结构以适应外部环境的变化而不断增长的能力。

韧性概念是源于工程学、生态学等多门专业的概念，指系统在遭遇外部影响、困境及干扰之后通过迅速调整自身，并使其恢复功能所需适应性的修复能力。作为一种具有演化动态性和非线性的研究范式，引起了国内外学者对其进行研究探索，研究涵盖经济、社会、环境等各个领域，包括制度影响、区域可持续性、多维属性等内容。国外学者在对水资源系统韧性研究上取得的成果较多，评估水资源系统韧性的理论建立、测度与韧性战略是其主要研究方向。学者图尔比耶（Tourbier）等人深入地研究了我国现代城市水系统的韧性理论体系的形成和构建，不但从理论上提出了“培育韧性”“韧性传承”等新概念，还丰富了我国水系统韧性的基本内涵；布鲁因（Bruijn）和唐纳 Tanner 等学者通过采用定量评价方法、构造指标系统对区域供水系统的韧性和稳定程度进行评价；泽文伯芬（Zevenbergen）等学者对比抵抗性理念与韧性理念的异同，对韧性策略的实施效果进行了评估。我国区域水资源系统韧性探究处于起步阶段，尚未形成完整的概念体系。俞孔坚等研究人员用“海绵”概念类比城市水资源系统韧性，并从古代洪涝适应机制角度探讨洪涝韧性问题。刘婧等学者提出包含自然维、经济维、组织维、社会维的区域灾害韧性四维评估模型。张灵等研究人员从防洪、承灾及灾后恢复三个阶段对北江下游洪水韧性进行了评价。

现阶段针对水资源韧性与效率的研究尚存在以下不足：水资源系统韧性的概念还需进一步明确，韧性的概念仍被局限在均衡理论范围内，尚未意识到创新地理学、演化地理学等与韧性之间的联系，从而对水资源韧性概念解释能力不足；水资源韧性的定量分析还不成熟，忽视了演化地理学的思想，其中制度环境和文化因素是影响区域水资源系统韧性的重要因素，目前的研究较少考虑两者对水资源韧性的影响；现阶段对水资源韧性的研究仅局限于对水资源韧性本身的评价分析，对水资源韧性与效率之间关系的探究较少。

四、GIS 技术在地下水资源领域的应用

（一）GIS 技术在地下水领域应用的发展过程

GIS 最初是由加拿大研究者汤姆林逊在 1963 年提出并建立的，当时主要利用 GIS 来管理与规划自然资源。20 世纪 70 年代，为了更好地管理流域，美国一些学者开始应用 GIS 技术整理和分析水文资源的评价和管理数据；20 世纪 80 年代，GIS 技术作为一种平台开始出现在地下水的研究中。1993 年，美国举行了“GIS 与水资源专题研讨会”，会上对基于 GIS 技术在地下水数值模型、地下水水质污染等方面的研究进行了相关讨论。近年来，由于计算机技术与 GIS 技术逐渐发展，国际上研发了许多用于商业的基于 GIS 技术的地下水模

拟软件。

在我国，将 GIS 技术应用于地下水领域的相关研究开始得相对较晚。21 世纪初，随着对 GIS 技术的广泛深入研究，我国开始了 GIS 技术的开发和研制工作，并将其用于地下水资源评价、地下水水质评价、地下水功能区划分等方面。目前，因内使用较多的 GIS 软件大致包括 MapGIS（中国地质大学）、SuperMap（中科院）、CityStar（北京大学）等，该类软件的大量出现，促进了 GIS 技术在地下水相关研究领域中的应用。

（二）我国 GIS 技术在地下水领域的主要应用

1. 地下水资源评价与管理中的应用

作为一个有效的空间数据处理工具，GIS 技术在地下水资源评价与管理中的应用日趋成熟。应用 GIS 技术来评价与管理地下水资源，具有明显的技术优势，因为 GIS 技术具有可视化、开放性、动态数据处理的强大能力，通过评价要素的空间离散，可以将研究区地下水资源的空间分布情况清晰地反映出来，并运用耦合机制，将动态监测所得的地表水和地下水数据信息及遥感地理信息，与地下水资源综合评价系统进行结合，以达到对地下水资深动态实时评价的目的。因此，这样一种动态的、实时的、远程的地下水资源评价与管理系统得到了广泛应用。例如：陈佩佩等研究人员基于 GIS 软件 MapInfo 平台，针对徐州市当地地质特点，开发了配套的岩溶地下水资源信息系统，为地下水管理决策提出建议；叶剑锋等研究人员基于 GIS 技术建立新疆南疆地下水监测井遥测系统，能远程实时采集地下水水位信息，并做出预警分析；张宏达等研究人员将 GIS 技术应用于黑龙江省的地下水监测与管理中；研究人员降亚楠对灌区地下水资源评价系统与 GIS 集成的重要性和可行性进行了详细分析并建立了灌区地下水资源评价的三维空间数据库；谢洪波等研究人员在焦作市基于 GIS 技术建立了对应的地下水污染预警系统，查明了当地地下水水质状况的空间分布规律。

2. 地下水污染评价中的应用

GIS 技术应用于地下水污染监测，大大提高了地下水水质模型的实用性，并且能实现对地下水污染的可视化监测和科学评价。其过程大致分为以下步骤。

①搜集大量实测数据，生成 GIS 数据库。

②选择合适的地下水水质模型。

③将 GIS 数据库和地下水水质模型相结合。

④地下水污染综合评价。

3. 地下水开采和地面沉降方面的应用

地下水经过长期过量开采引起含水层大量释水、压密，进而导致地面沉降，形成了严重的安全隐患。因此合理开采地下水，建立适应大区域的地面沉降评价体系十分重要。将 GIS 技术应用于地面沉降建模软件 Mapbasic 之后，就可以建立三维立体化的模型，能够更加直观地处理信息，加强了地面沉降的可视化预测研究。例如：陈锁忠等研究人员在苏州、无锡、常州地区以 GIS 为主控模块，将地面沉降模拟模型系统、地下水运动模拟系统与 GIS 进行集成，完成了对集成系统的分析和设计；杨勇等研究人员基于 GIS 平台，将 3 个不同权重赋值的影响因子，即地下水开采量、地下水位下降速率、黏土层厚度叠加在一起，完成了对北京市的地面沉降易发性分区的划分工作。

4. 地下水功能区划分的应用

地下水功能区划分是我国管理地下水资源的重要工作，经过地下水功能区划分，地下水能得到有效的保护和更加合理的开发利用。因此，我国学者利用 GIS 技术在地下水功能区划分工作中进行了大量的实践和研究。例如：张礼中等人通过叠加分析法，在 GIS 软件平台上将用于评价的空间要素进行叠加，然后根据技术标准，以叠加后形成的基本图元划分地下水功能区；程天舜基于 MapGIS 技术对深圳市进行了地下水功能区划分；罗育池等人基于 GIS 技术，将河南省地下水划分为可持续性弱区、较弱区、一般区、较强区、强区 5 个功能分区。

（三）GIS 技术在地下水应用中存在的问题

①基于 GIS 开发的软件在地下水资源评价方面的功能尚不成熟。目前，大多数 GIS 软件的功能侧重于数据的可视化和显示性，计算功能则较弱。

② GIS 数据欠缺标准性，导致信息共享性不高，在不同系统内无法通用，从而影响了 GIS 技术的广泛应用。

③ GIS 与地下水评价集成不够紧密。目前，关于 GIS 与地下水评价的集成研究只有两种途径：一种以 GIS 软件平台为基础做直接开发，一般为应用性研究；另一种则仅在地下水研究领域的某一方面进行与 GIS 结合的二次开发。

④基于 GIS 技术的地下水应用地域性明显，多应用于我国北方地区和内陆地区，南方沿海地区则应用较少。

第三节　地下水资源的属性及其意义

一、储存资源及其意义

（一）对于供水的重要作用

储存资源即不可再生资源。作为不可再生的地下水的储存资源，顾名思义就是不能作为持续供水的水源，但是在人类的供水中仍是不可或缺的环节，也发挥着重要作用。

①在含有地下储存水资源的建筑物下，能够保持地下水的含水层厚度，这样就使得这些建筑物能够维持一定的出水能力。

②由于环境的不断变化，含水系统在不同的季节、不同的年份能够得到的补给量是不确定的，在雨水充足的季节储存资源的利用率较低；在雨水补给不充足的季节，地下水储存资源就能够发挥稳定供水的作用。

③在水资源可持续发展、不损害环境生态的前提下，储存水资源可以替代稳定性的供水水源，在一定时期内发挥供水的重要作用。

④储存水资源还可以作为战争、干旱季节、水污染等特殊时期的应急水源。

（二）维护地下水生态平衡

①维护地下水的生态系统。储存水资源能够保持地下水位的恒定，对于当地的生态系统有一定的支撑作用，使当地依靠根系汲取水分的生态环境不会因为地下水位的下降而退化。

②维护河流、湖泊及湿地的生态环境功能。

③保持地下水天然流场。这样就不会导致海水入侵到淡水含水层。

④保持岩土体应力平衡。储存水资源的含水系统能够避免当地区域的岩土应力失衡导致的严重地质灾害。

（三）储存地下水资源“借用”注意事项

针对地下水储存资源的特点，对于储存地下水资源只能作为稳定供水水源而临时借用，不能作为消耗水资源长期使用。因此要适当借用储存地下水资源，适当消耗孔隙含水系统深部和浅部的水资源，防止地下水位下降带来的提水成本升高、土地沙漠化、地面沉降或裂缝等地质灾害。

二、补给资源及其意义

相对于地下储存水资源的不可再生性，地下补给水资源是可再生资源，在水资源可持续发展理念下，也要对补给地下水资源进行适量开采，这样才能保证人类供水资源的持续利用，优化人类生态环境。

过量开采地下水资源导致地下水水位下降，然后再吸引周边地下水向开采中心汇聚，导致地表水补给地下水的数量增大。一方面，这是一种概念性错误的对于地下水补给资源的理解，违背了地下水资源发育具有的系统性，必须坚持以含水系统为单元进行资源评价的原则；另一方面，地下水开采是另一种形式的资源转移，这样也会引发一系列不良生态环境效应。

第四节　地下水资源的管理与规划

一、现代水资源管理新思想

（一）可持续发展的新思想

在水资源管理中最根本的就是要保证水资源的可持续发展，合理利用水资源，保证其应用在关键性位置，以促进经济的发展和维护自然生态等。地球的水资源是有限的，而地区间的水资源分配不均匀，因此，需要通过政府进行调节，实现水资源的均衡分配；需要加大水资源保护的宣传力度，采取科学合理的管理措施，实现水资源的循环利用和协调性发展。在水资源管理中还要综合考虑整个区域的生态影响，做好相应的生态结构调查，避免治理水资源给周边环境带来过度的破坏。只用通过科学有效的管理才能保证水资源利用的高效性。

1. 建立可持续发展的观念

实现水资源的可持续利用必须坚持科学发展观，从点出发，落到面上，把控整个区域的水资源利用，从一个点着手对水资源利用进行讨论，观察整个区域的结构性变化。

2. 完善水资源管理制度

如何建立完善的水资源管理制度，对于每个地区都是较为严峻的问题。有关部门需要对地区的水资源总量进行严控，对管理要求进行定额，在以流域为单位的前提下，对水量进行合理的分配，从而实现水资源的合理配置。对于严重缺水的地区，需要相关部门加大审批力度，对水资源过度开发的项目进行严打，保障当地群众用水安全。

3. 实现人与水资源的协调发展

水资源是维持人类生存的重要资源，人与水资源的相处必须遵循三大准则，即健康、发展、协调。因此，应减少对水资源的污染，合理分配水资源。

4. 严控纳污总量

对水资源的利用和分配，要建立在当地水资源的实际情况的基础上。要充分掌握当地的纳污量，严格审查当地水域的排污口，禁止未经允许在水域附近设置排污口，纳污指标的分配不能建立在排污口的梳理上。要加大监测力度，及时发现水资源污染问题以及排放超标的情况。对于居民的生活用水资源，需要取缔饮用水源附近的排污管道，加大对水资源质量控制体系的管理力度，保障城市居民和农村居民的用水安全。

5. 推广水利利民工程

农村人口部分生活在蓄滞洪区，这段水域存在一定的安全问题，必须在这段水域建立切实可行的水利方案。及时修理位于小河道的水利工程，提高水库水闸的抗洪抗涝能力；加强水利工程的抗旱蓄水能力，避免饮水源头被污染，加强对人们用水安全的保护；重视农业用水管理，落实好灌溉用水、坡地治理等工程，避免出现农药、化肥对饮用水资源的污染；做好水库居民的安置处理，及时补偿水库移民，做好蓄洪区居民后续的安置和扶持工作。

（二）和谐理念

在水资源的管理过程中，为了实现水资源和人协调一致、生态平衡，需要采取有效的措施，始终强调以和为贵。要基于理性的角度看待水资源与人的各种矛盾冲突，以一种和谐的态度积极化解矛盾。要坚持以人为本的原则，对水资源的调度、分配进行全面统筹规划。

1. 建立人与自然和谐共处的氛围

目前，水资源污染问题日益严峻，为了更好地利用水资源，需要将和谐理念融入水资源治理和利用过程中，加大对人、自然、水三者之间关系的研究力度，尽量缓解日益紧张的水资源短缺问题。应建立一套系统性的指导方法，并将这套方法应用在现代水资源管理过程中，以解决当前日益严峻的水资源问题，如水土流失、水体污染、水资源短缺等，应综合评估人与水资源的和谐程度，从而全面把控水资源的管理。

2. 分区域、部门管理水资源

对于水资源分配方面的管理行业内有大量的研究，与之相配的水资源配置类型也有很多，应针对不同的情况采取不同的水资源管理模式，从而构建不同的模型。这些研究大多将区域或者部门内部的水资源作为分配课题的研究对象，从而将水资源利用过程中涉及的社会经济效益纳入数学模型中，为优化水资源的配置提供数字模型支撑。

3. 跨区域河流分水管理

将一条流经多个省份的河流统称为跨界河流，流经不同区域的河流可利用率是有限的。为了保障人们的用水安全，需要采取有效的措施避免河流被污染，需要相关人员对饮用水总量进行科学合理的规划。

4. 水污染总量控制

水资源管理必须坚持水质和水量统一的管理原则，在水资源的利用过程中，控制好污水的排放总量，要以和谐理念为指导，并采取有效的方式集中处理污水，在水污染控制总量治理方案、建设费用的基础上建立有关水污染总量控制和水资源污染模型，为水资源的管理提供一定的数据支持。

综上所述，现代水资源的管理需要基于可持续发展理念，这样才能提高水资源的利用率，实现水资源的循环利用。相关单位必须认识到当前的水资源现状，将人与自然环境和谐相处的理念融入管理过程中，对水资源的配置进行科学规划，采取有效的措施，充分发挥水资源在人类生活和生产活动中的价值，实现人类社会的可持续发展。

二、地下水资源管理

（一）地表水和地下水资源的综合管理与规划

地下水与地表水相互作用带是地球关键带中一种重要的潜流带。地下水和地表水的往复交替补给使得含水层不断经历氧化和还原环境的波动变化，生物地球化学条件常常处于一种动态的变化过程中，这使得地下水化学成分的分布和迁移行为变得更加复杂。当前，越来越多的研究开始关注地下水－地表水相互作用带中的化学特征。

（二）人工补给地下水

在地下水资源的管理与规划中，不仅要对地下含水系统进行评价、管理与规划，还需要对其进行长期的观测、监督、管理，以便能实时掌握地下水资源用水情况和水位情况，在正常用水范围内均衡地下水资源的开采与利用。

在含水系统监测中、当区域地下水的开采量超过补给资源的时候，就需要采用人工补给的方式对地下水进行管理与规划。地下水人工补给的水源有大气降水、地表水，以及生活废水、工业废水、灌渠退水等，其中主要是地表水，特别是汛期的洪水。

1. 潜水

潜水补给途径主要有大气降水、河水渗漏、地下径流及灌溉回归等补给方式，位置不同，补给的主要来源也有所差别。以渭河支流沣河为例，其沿岸地带，河水对潜水的渗漏为潜水主要补给来源。在丰水期时，河水对潜水的补给宽度超过 1000 m；沣河沿岸地带对潜水的补给宽度可达 2000 m。在高漫滩、一级阶地前缘地带，主要为大气降水补给、灌溉回归补给。潜水径流方向由西南流向东北方向，主要排泄方式为供水开采、地下径流排泄。

2. 浅层承压水

浅层承压水主要补给来源有潜水的越流补给、地下径流对浅层承压水的补给，在渭河及沣河的沿岸地带，通过透水“天窗”还可间接得到河水的补给。潜水和浅层承压水之间存在水力关系。由于水源地局部集中开采，浅层承压水的径流方向发生了改变，主要为由四周向开采井汇聚，开采中心有降落漏斗形成，浅层承压水深埋地下，水力坡度较小，因此径流条件比潜水差。浅层承压水的排泄方式主要有供水开采、越流排泄。

3. 深层承压水

深层承压水主要补给来源有浅层承压水的越流补给和地下径流对深层承压水的补给。浅层承压水和深层承压水之间存在水力关系。由于水源地局部集中开采，深层承压水的径流方向会发生改变，主要为由四周向开采井汇聚，开采中心形成了降落漏斗，由于深层承压含水层密实程度略高于潜水和浅层承压水，颗粒较细，因此径流较迟缓。深层承压水的排泄方式主要为供水开采。

三、跨流域调配水资源问题

（一）国内外研究进展

跨流域调水工程是现阶段大规模解决区域水资源短缺的最有效方式，是一项复杂的工程，其中涉及水文学、生态学、政治学、经济学等多领域。随着世界范围内大规模水利基础设施建设、涉水行业发展以及城市化进程加快，人工干涉自然水循环过程不可避免地导致水资源与相关资源之间的均衡性遭受破坏。近年来，随着地理信息技术的普及以及计算机算法的优化，跨流域调水工程水资源配置研究显示出新的发展趋势。

1. 国外研究进展

跨流域调水在前期规划时，常需考虑上下游各用户的用水矛盾，以及防止下游出现缺水、经济下滑、环境破坏等一系列连锁反应。近年来，许多学者将博弈论应用到水资源配置中。博弈论作为一种分析方法，通过合作和竞争方法，公平有效地分配水资源，使利益相关者效益最大化。

阿汉迈德（Ahmadi）等学者利用博弈论的思想对伊朗贝希斯塔巴德（Beheshtabad）调水项目进行研究发现，如果下游的加夫霍尼盆地城市执行向卡伦盆地城市平均支付 2.5066 亿美元作为补偿的水利转让协议可使这两个盆地处于帕累托最优状态。同时，伴随着水资源配置理念与数学算法的进步，跨流域调水调度规划方法也在不断拓展，从最开始的单个目标规划到多目标、多层次、动态规划，如层次分析法、粒子群优化算法、多目标蚁群算法、自适应神经模糊强化学习法等，但无论哪一种方法都要结合数学算法假定目标函数和约束条件，进而建立模型，找到符合约束条件的最优解。

例如，塞米斯（Szemis）等学者基于多目标蚁群优化算法进行外调水分配最优与生态效益最大之间的计算。为提高跨流域调水工程用水效率，美国、澳大利亚等国政府将水权制度、水市场与水资源配置研究进行了结合。在水资源的开发、利用、管理的过程中，以水银行为水权交易的媒介，通过各利益相关者之间的水权交易对水资源进行再分配，这样构建合理的水权制度可以做到水资源的重新利用，是水资源合理配置管理的新思路。

1962 年，美国学者马斯（Masse）提出以开发治理效益最大为目标建立水库调度非线性规划模型。

1973 年，学者温莎（Windsor）对跨流域调水工程水库群的联合调度研究采用了线性规划的方法，并利用单纯形法与混合整数规划法求解。

1982 年，波利亚科夫（Polyakov）等学者阐述了利用平原河道进行跨流域调水对包括保育河道生态、减少河底沉积、跨流域运输等的有利影响，并对利用天然河道进行跨流域调水工程的建设提出理论研究及全面规划等建议。

1986 年，学者海特（Hite）针对美国西部干旱地区存在的关于跨流域调水所引起的效率与公平的问题进行了研究。首先，探讨跨流域调水最关键的问题——美国东部城市化地区的用水需求问题；其次，调查与跨流域调水有关的非工程费用的本质；再次，探讨更普遍的效率与公平问题；最后，得出解决跨流域调水引起的区间效率和公平问题的 3 种启发性方案。

1992 年，戴维斯（Davies）等学者从生物地理完整性、当地种群的丧失及外来物种的入侵、种群基因融合、水文水质变化、气候影响和疾病的传播等方面分别对澳大利亚东南部、非洲南部及美国西南部这 3 个相对独立的跨流域调水区域进行生态影响研究并且对不同的调水工程做出了界定。

1993 年，穆勒（Mueller）等学者针对马萨诸塞州流域间的取水、调水及生态流量构建了线性管理模型，用以联系地表径流与地下水开采，考虑消耗利用与跨流域调水，在满足取水需求的前提下将径流的损耗降至最低。

1996 年，马修斯（Matthews）等学者研究美国得克萨斯州北部大型跨流域调水系统对鱼群数量的影响，结果表明水量调入地区包括盐度、电导率等因素发生剧烈改变，但仍在鱼群的耐受范围内。跨流域调水工程应当考虑水量调出区与调入区的生态影响。

2001 年，学者耶夫耶维奇（Yevjevich）提出通过协商、仲裁及法律途径解决跨流域调水中存在的政治、社会、经济、环境、生态和法律方面的问题。

2004 年，学者巴斯特罗（Ballstero）提出了一种通过模拟外调水的需求曲线和供给曲线来确定数量和价格的随机决策方法，用以公平合理地确定外调水的单价与用量。

2005 年，简恩（Jain）等学者对印度半岛一个大型跨流域多库调水系统进行仿真模拟，权衡水资源的年内节余、发电能力以及下游发展，从多种方案中选择最优方案。

2010 年，沃尔玛（Verma）等学者为寻求默哈纳迪水库系统的最佳运行模型，引入最小最大目标规划、加权目标规划和优先目标规划 3 种方法，并根据与模型相关的隐含基本原理进行研究，最终确定优先目标规划为最优方法。

2012 年，尼克（Nikoo）等学者在对伊朗西南部卡隆河盆地向伊朗中部的拉夫桑贾平原的跨流域调水研究中，提出了一种基于区间优化和博弈论的流域间调水系统优化运行的新方法以及农业用水生产函数的线性形式，可以有效地应用于非线性水资源分配问题上。

2014 年，塔巴里（Tabari）等学者构建了一个基于流域间水资源和流域外水资源恢复的有效优化模型。该模型考虑了 3 个不同的目标：提供流域间的水资源需求、减少伊朗边界的水量输出和增加向邻近乌尔米亚湖盆地的调水。针对目标和决策变量的复杂性和非线性，塔巴里采用非优势排序遗传算法来求解所构建的模型。采用最优运行规划后，可以将流域内相当数量的水资源转移到流域外进行恢复，防止边界河流出现汛情。

2015 年，曼斯哈迪（Manshadi）等学者在研究伊朗中部地区从索拉干盆地到拉夫桑贾盆地的大规模跨流域调水系统的过程中，基于虚拟水的概念，建立了流域间调水净效益最大化的经济目标优化模型，利用虚拟水质概念和纳什均衡估计了调水盆地流量减少的影响，最后利用合作博弈的方法进行净收益的再分配，解决流域间水资源分配与环境约束之间的冲突问题。

2019 年，马丁斯（Martinse）等学者将水文经济学优化方法应用于海河流域水资源管理，构建了一个多目标、多时间、确定性的水文经济优化模型，量化了经济权衡，提出了将地下水抽采降低到可持续水平时的最小成本策略，实现了经济高效和可持续的水资源配置。

2. 国内研究进展

近年来，我国兴建的南水北调、引黄济青等众多战略性跨流域水资源基础设施，缓解了我国北方黄淮海地区水资源严重短缺的局面。由于调水工程的加入，打破了沿线受水区水资源系统原有的规律，如何更好地解决二者之间的矛盾，已经成为当今的热门话题。苏心玥等研究人员采用纳什博弈模型，较好地解决了北京市在南水北调中线通水之后产生的辖区间水资源矛盾问题。王兴菊等研究人员利用可变模糊优选模型，以缺水量最小为原则，对胶东调水工程受水区内的 4 座城市进行水资源优化配置研究。万芳等研究人员利用免疫进化的粒子群算法对跨流域水库群调度模型进行优化，提高了下游城市的保水率。王博欣等研究人员以河北省外调水分配作为主要约束条件，统筹各用水单元的用水需求，建立了应用于全省的水资源配置模型。此外，在跨流域调水配置应用软件方面，我国早期使用美国农业部开发的 SWAT 模型、丹麦水利研究所开发的 MIKE BASIN 模型等。近年来，随着我国计算机技术的快速发展，分布式水资源配置模型（DTVGM-WEAR）、中国水利水电科学研究院开发的水资源动态配置与模拟模型（WAS）等国产软件逐渐在调水配置方面得到应用。WAS 模型为国产软件的典型代表，它以自然－社会二元水循环理论为基础，区别于大多数以水循环为主的静态模拟配置模型，WAS 模型创新地加入了天然来水和用户取排水的联合作用与上下游取用水动态，现已在许多区域得到应用。

1986 年，刘昌明等研究人员针对南水北调工程对水量输入区的影响，通过控制地下水位埋深，以防止土壤次生盐渍化为环境控制目标，构建数学模型，在满足工农业生产用水需求的情况下，保证生态环境不受影响。

1992 年，沈佩君等研究人员为满足跨流域调水工程的多用户、多区域、多保证率等多维需求，构建了生活工业模型、农业旱地供水模型、余水分配模型以及保证率分级协调模型等 4 个子模型，根据需求的不同进行自由化模拟，以便辅助决策。

1997 年，卢华友等研究人员在对南水北调工程规划年丰、平、枯 3 种预报年型进行实时优化调度研究中，构建了基于多维动态规划和模拟技术相结合的大系统分解协调实时调度模型，其优化调度水量均大于规划调度水量，实时优化调度效益显著。

2004 年，冯耀龙等研究人员以引滦入津跨流域调水工程为研究对象，提出跨流域调水的若干原则并运用模糊数学建立隶属函数，用于评价调水的决策与实践是否合理可行。

2005 年，贺海挺等研究人员结合南水北调中线跨流域调水工程的失效问题，并针对测试数据不足的情况，采用 L-R 型模糊数和事件树分析方法，研究跨流域调水工程体系的失效风险。

2009 年，李学森等研究人员通过引入评价指标的权重趋势系数改进模糊优选模型，并构建跨流域调水系统的供水方案模糊识别模型。该模型应用于辽宁省“引细入汤”工程的方案遴选中，能够根据水资源供需的未来发展趋势修正评价指标的权重系数，从而优选出与水资源供需发展趋势相符的优化方案。

2010 年，王国利等研究人员以辽宁省“引细入汤”跨流域调水工程为例，分析其调水方案的不确定性，针对决策者的利益冲突，提出了基于协商对策的多目标群决策模型。

2011 年，夏军等研究人员研究了南水北调中线工程多流域的水循环模拟。为构建环境变化情况下的水循环模型，对大尺度分布式水文模型进行了重点探究。

2012 年，侍翰生等研究人员在研究南水北调东线工程江苏段当地水和外调水联合优化配置时，提出将模拟技术与离散微分动态规划方法相结合，并构建“河－湖－梯级泵站”系统水资源优化配置模型。

2014 年，彭安帮等研究人员采用并行粒子群优化算法进行联合调度多核并行求解，以提高大规模跨流域调水复杂水库群优化调度的计算效率和求解精度。

2016 年，万芳等研究人员针对跨流域调水工程水库群联合调度中调水、引水、供水之间的复杂性、动态性和不确定性，应用博弈论原理，构建跨流域水库群供水调度规则的三层规划模型，并应用基于免疫进化的粒子群算法对模型进行分层优化求解。

2018 年，张锴慧等研究人员基于引黄济青工程以及胶东地区引黄调水工程对工程沿线 4 个地市进行了多水源、多目标水资源优化配置研究。

（二）跨流域调水工程

跨流域调水工程受水区水资源配置模型与水厂等内部调配单元联系较少。绝大多数配置研究直接考虑水源到用户，很少考虑水厂与水源、用户之间的连接纽带作用。来水水源是区域输入性资源，通常情况下水文变化特征都是不均匀的，如果缺乏内部水库、调蓄湖、水厂的调节控制很容易出现水资源浪费的问题。因此，如何做到高效稳定的水资源配置对保障良性的区域物质流动极为重要。

跨流域调水工程受水区水资源配置较为宏观，缺乏更为精细的研究。当前跨流域调水工程大多利用现存河流、湖泊，或与受水区水网交汇，受水区很容易出现多水源联合调度的局面，使得调水系统与本地水资源系统的工程关系、来水关系、配置过程更加复杂。如何从精细化层面考虑区域到城市再到城市内部的水资源配置关系，对配置方案和模型计算提出了更高的要求。跨流域调水工程有其自身的特点和特殊性，其调配工作要有新的需求和考虑，主要表现在以下方面。

第一，调水工程水量调配是一个来水、调水、输水、配水、用水多节点动态联动的调度问题。“引汉济渭”工程全线包含水库、电站、泵站、控制闸、输水隧洞、分水池、分水闸等诸多节点，都是水量调度的关键节点，这些控制性节点只有耦合起来整体调控，联动起来动态调度，才符合实际调度需求和要求。割裂开来、分区分块研究，无法整合、贯通和联动，前后难以配合，导致成果多，但可用性差。

第二，调水工程水量调配是一个多业务、多层次、多尺度交叉耦合问题。“引汉济渭”工程涉及环节众多。在业务上，涵盖径流预测、水库调度、水电站运行调度、泵站运行调度、流量演进计算、水资源配置等业务。在层次上，分规划调度、计划调度、实时调度、应急调度等。在尺度上，分长期调度、中期调度、短期调度、实时调度。似乎可以通过组合划分将各环节独立出来，但实质上它们是动态关联、相互影响的。独立出来就静止了，静止了就固定了，固定了就没有适应性了，而调度则是一个不断制订、调整、修正方案，然后实施的过程，是需要因需而变的。

第三，调度不同于规划和计划，是一个动态连续的过程，需要系统平台提供支撑。规划是在边界确定，所有条件已知的情况下制订的方案，调度是随着条件变化不断制订方案并实施的动态过程。规划是一次性的，完成后方案就确定下来了。调度是一个不间断的过程，不是单纯地去求一个解，去制订一个方案，而是一个连续不断的计算过程，一个不断反馈、滚动的过程。规划侧重做方案、调度侧重用方案；规划提供有限方案、调度需要无限方案。缺少系统平台支撑的调度，做情景方案、做计划可以，但难以满足实时变化的调度需求，只有通过系统平台才能完成一系列不间断的调度操作。

水量调配问题有其自身的复杂性、特殊性，在应用中还有不断调整、不断适应变化的要求，其适应性、可操作性和实用性应引起关注，存在的一些焦点问题需要解决，具体如下。

第一，将调水工程水量调配的关键环节抽取出来研究，缺乏整体性考虑，对控制节点之间的联系和联动考虑不足，成果相对孤立，难以串联应用。

第二，以理论研究为驱动，重视调度模型和调度算法，过分强调最优化，缺乏对具有适应性的调度模式和调度机制的探究。

第三，过于理论化和复杂化，对实际应用需求考虑不足，理论研究与实际应用存在一定的鸿沟，成果离实际应用还有一定差距，可用性差。

第四，把规划和调度的关系没有厘清，用规划的思维开展调度研究，用情景方案代替调度，难以满足实际的水量调配需求。

第五，将调度按时间尺度划分，分开研究，对不同时间尺度的调度之间的嵌套、联动和约束关系考虑不足，不能实现嵌套和滚动修正，难以满足实时调度要求。

第六，对静态情景研究的较多，对实际运行调度中的动态变化因素考虑不足，不能很好地响应变化，缺乏适应性和可操作性。

第七，对调度系统平台缺乏研究，没有系统平台做支撑，调度过程中的很多需求难以实现，更难以支撑实施调度。

第五节　现代地下水资源的评价

一、水资源评价研究进展

早期对于承载力的研究主要针对农业承载力，对农业生产能够承载多少人口的研究比较多，在当时历史时期有很高的实践和现实意义。1973 年，澳大利亚研究人员充分考虑土地、水资源等要素制约下的发展策略和前景，并在水资源约束条件下研究了最大人口承载力，主要采用增强承载力策略模型，这是由苏格兰资源利用研究所于 1984 年向联合国教科文组织提交的核心研究模型。1987 年，研究人员齐文虎利用系统动力学模型对人口、资源、环境、发展进行了深入研究。研究人员许有鹏利用分析评价模型对和田流域水资源承载力进行了研究，为干旱区水资源承载力方法研究提供了新的思路。中国科学院地理科学与资源研究所李丽娟在对柴达木盆地水资源承载力进行研究的过程中采用系统动力学仿真模型计算出人口承载力的预测值，通过分析对比研究获取了柴达木盆地水资源承载力。

在水资源承载力研究中，跨学科研究显得十分必要，朱一中等研究人员指出可持续发展理论和水、生态、社会经济复合系统理论是水资源承载力研究的基础，同时指出将 GIS 等空间信息技术应用到水资源承载力模型研究中的重要性。

基于驱动压力模型的综合评价体系在水资源承载力研究中也得到广泛应用。2017 年，研究人员郭倩就利用影响水资源承载力的多种因素构建了压力驱动模型，通过对多个子系统的研究，得出影响水资源承载力的主要因素为三废排放、人均 GDP、森林覆盖率，该方法具有很好的借鉴和示范作用。

二、地下水资源评价研究

（一）地下水资源量评价研究

1. 地下水资源量评价的方法

地下水资源量评价的主要方法如下：在掌握相关参数和补排量的条件下，可以采用水量均衡法对地下水资源进行评价；在掌握模拟区域内的水文地质参数、补排量及观测资料条件下，可以采用数值法对地下水的可开采资源量进行评价和预测；水文地质比拟法是以相似理论为基础，利用与评价区水文地质条件类似的相关数据进行的地下水资源评价，这种方法可以运用到数据资料较少的地区；解析法是指利用表达式确定含水层参数，对研究区地下水资源进行分析的一种方法；依据水源地抽水试验的数据资料，可以采用开采试验法对地下水进行资源评价。

2. 国内外研究

目前在地下水资源的影响评价中，最重要的一种方法是利用数值模型对地下水流进行模拟预测。美国地质勘探局开发的 MODFLOW 软件是一个功能完善、应用广泛的地下水流模拟程序，许多地下水模拟软件都是基于 MODFLOW 开发的。加拿大滑铁卢大学设计的软件 Visual MODFLOW，可以对地下水的三维系统和污染物的迁移进行模拟，软件操作简便，使用广泛。由美国杨百翰大学实验室开发的地下水模拟系统（GMS）软件，可以对水流、溶质运移等进行模拟。德国水资源规划与系统研究所开发的 FEFLOW 软件，采用离散单元分析法，可以对较为复杂的地下水流和溶质进行模拟。中国水利水电科学研究院开发的水资源通用配置与模拟软件（GWMS）基于有限单元和有限差分方法可以对地下水流、溶质、热运移进行模拟，由于其界面是汉字的，所以方便国内的专业人员进行学习及使用。

1998 年，学者福克斯建立了地下水流时空数据模型，对地下水位从时间、空间上进行了分析。

2005 年，学者法德莱莫拉（Fadlelmawla）利用数值建模，对地下水保护区进行了划分，为地下水的保护提供了参考。

2012 年，马奇瓦尔（Machiwal）等学者利用地统计学和 GIS 对印度西部地下水进行空间模拟，发现地下水位容易受到研究区地表地形和水体的影响。

从 1981 年开始，我国开展了水资源研究的相关工作，出版了水资源利用及评价的相关资料。1999 年我国针对水资源的评价颁布了工作导则，以便于评价工作的进行。2002 年水资源评价工作成为国家水资源规划的重要内容。

国内的许多专家学者发展完善了地下水的评价工作。

赵哈林等研究人员对内蒙古奈曼旗中部地区进行了地下水时间、空间动态变化研究，发现地下水位在时间上的变化与降水的时间密切相关，在空间上的差异与研究区地形、地表特点和土地利用方式相关。

研究人员张人权提出地下水资源会随着时间变化而发生变化，因此需要结合变化情况进行评价，同时对地下水开采量进行了分析。

吉喜斌等研究人员对黑河中游典型灌区地下水的补给项、排泄项进行了计算，发现水均衡相对误差在合理范围内，表明建立的地下水水资源总均衡模型较为准确。

王长申等研究人员对地下水可持续开采量进行了讨论，认为综合管理是地下水可持续开采的研究方向。

研究人员杜超分析了地下水系统的可开采潜力，评价和预测了不同的开采方案，对地下水的可持续开发利用提供了对策。

研究人员李发文根据天津市的地质条件，将一维土壤固结模型与 MODFLOW 模型耦合建立了三维地下水数值模型，可以对地下水流动和地面沉降过程进行模拟，从而实现对地下水位和开采量的控制管理。

杨坡等研究人员通过计算新乡市傍河水源地地下水的浅层含水层补排量及均衡差，发现水源地新增的开采量是符合要求的。

研究人员黄鹤对吉林地区地下水的水位、水量、水质的时空演变规律进行了研究，并在地下水多元控制管理的条件下分析了水位、水量、水质的警戒线，这有利于对地下水资源进行有效的协调、保护。

研究人员王蕾建立了地表水－地下水耦合模型，根据环境的影响因素进行模拟，得到了地下水水位的变化特征。

（二）地下水水质评价研究

地下水的水质评价关系到饮用水的安全。地下水的化学作用受到可溶性矿物质的溶解、离子交换反应以及各种人为活动的累积结果控制。地下水由于人类活动及岩性等原因受到污染后，水质不易恢复，为了预防和治理地下水的污染问题，应对地下水水质进行合理评价。

1. 地下水水质的评价方法

地下水水质的评价方法有很多，其中单因子评价法是可以直观地依据标准判断单项检测指标是否超标的一种方法；综合指数法是对多个指标按照不同的权重进行综合分析判断的一种评价方法。

2. 国内外研究

1914 年，为了保障饮用水安全，美国制定了饮用水水质标准。

1965 年，学者内梅罗提出了内梅罗指数的计算方法。

1991 年，美国开展了水质评估计划。

2014 年，学者康奈尔（Kannel）研究了地下水污染的时空变化，对影响沿河走廊水质的因素进行了调查，发现城市的发展会对地表水和地下水水质产生影响，他认为为了地下水系统的可持续发展，应该对地表水和地下水进行协同管理。

2012 年，学者贝里兹（Belitz）以加利福尼亚州用于公共供应的地下水为例，将面积和人口作为评估地下水质量的指标，在多个尺度上系统和定量进行地下水水质评价，为其他区域在多尺度的评价中提供了度量标准。

2019 年，学者塔拉瓦尼希（Tarawnehi）对约旦东北部地区的地下水进行了水化学研究并确定了约旦东北部地区的水化学类型，根据水质标准对地下水水质进行评价。

我国开展水质评价工作后颁布了饮用水的水质标准、地下水的质量标准，为我国的地下水水质评价提供了理论支持。

张晓叶等研究人员对北京市某地区的地下水采用内梅罗指数法、模糊综合评价法进行评价，通过对比不同的评价方法，为地下水水质评价提供建议。

研究人员刘博对地下水安全评价体系的各个指标定义进行了较为全面的整理，对水质进行评价并利用水质普适公式进行了结果的验证，发现在监测指标较多时，不同的计算方法结果都趋于相同，最后表明水质均处于健康状态。

三、地下水资源可开采量的计算方法

（一）可开采系数法

可开采系数法是确定地下水可开采量常用的方法。鉴于已经开采利用的浅层地表水，其地下水位动态变化特征、多年平均实际开采量及补给量之间存在较大的关系，在借助可开采系数法进行计算时，首先便需要对地下水位动态变化特征、多年平均实际开采量及补给量三者之间的关系进行分析论证，同时进行相关的模拟性试验，最终获得所需要的地下水可开采系数。

（二）典型年实际开采量法

典型年实际开采量法在应用时需要借助相关的地下水位动态资料和已经核实的开采量资料，通过一系列的数据分析后得到地下水可开采量。如果分析研究显示开采区域当年的地下水在经过开采后，年末和年初的地下水位保持在某种相近状态，则可以认定当年的实际开采量与区域开采量一致。

（三）模型耦合迭代计算法

模型耦合迭代计算法是目前计算地下水可开采量的一种精准方法，在实际应用中可以取得良好的效果。在长期的实践研究中发现，在水资源优化配置的基础上，应用基准年对地下水可开采量进行计算，虽然可以得到较为准确的地下水可开采量，但这种方式也存在一定的局限性，尤其是无法对规划年的地下水可供水量起到代表性，导致得到的计算结果存在局限性。与以往的计算方式不同，模型耦合迭代计算法可以根据模型间的公用数据和参数之间的影响关系，对所涉及的数据进行耦合迭代计算，以此解决规划年地下水可开采量的量化问题，从而引导不同未来年份的水资源开发利用。

在实际的研究过程中发现，应用模型耦合迭代计算法无论是计算水资源优化配置还是计算地下水数值模拟模型均可以取得良好的成果，且可以单独求解运算。具体计算时需要做好 3 个步骤的计算工作，即模型数据交互关系、地下水可开采量评价及模型计算。

①模型数据交互关系。水资源优化配置模型受到地下水资源量和可开采量大小的影响，会因此受到很大的约束。而同时，地下水的河道入渗补给量、田间入渗补给量及渠系入渗补给量也会受到地表水取用水量的影响，这些参数可

以共同组成模型数据，且形成输入与输出彼此相互影响的关系。因此，可以说，两模型数据无论是耦合迭代计算还是共享均需要通过输入输出数据来实现。

②地下水可开采量评价。利用计算所获得的规划年需水方案和验证后的地下水模型，可以得到基于水资源合理配置的地下水可开采量。如果发现开采区域的地下水处于超采状态，同时所开采的水已经在社会经济中发挥了重要的作用，如果一次性弥补超采水量则势必会对社会经济发展产生较大的影响。因此，为了避免此类事件的发生，一方面需要做好地下水开采量的确定工作，确保开采量和补给量处于动态平衡状态；另一方面需要在规划年逐步退还超采量。超采量的约束条件包括三点：规划年的超采量需要逐步减少；确保超采量所引发的水位降幅不会超过含水层厚度的1/3，且不会对抽水井的正常使用造成影响；地下水超采不会引发严重的生态环境问题，更不会导致地下水资源枯竭。

③模型计算。模型计算是模型耦合迭代计算的重点，同时此阶段会涉及很多的专业知识，因此需给予充分的重视，需要严格遵循以下计算流程：对开采区的现状水资源条件、水资源开发利用水平进行分析总结，并依据开采区的水文地质条件、地下水补给条件、基准年数据模型参数，确定地下水的实际资源量和可开采量；依据开采区的发展规划进行需求分析，进行“三生”需水预测，即建立以人口数量、人均GDP生态系统指数和生态用水比例为状态变量的“三生”用水系统演化模型，得到规划年不同发展模式下与节水强度相结合的需水量；将不同方案所获得的需水数据输入耦合模型中，反复计算直至得到最终所需要的规划年水资源可开采量；对不同水资源合理配置方案和其所对应的水资源可开采量结果进行比较，从中选择最佳的配置方案。

四、地下水可更新能力

国内外有关地下水可更新能力的研究如火如荼，但直到目前，关于地下水可更新能力尚未有一个严谨而统一的定义。不同研究者依据自身理解，对地下水可更新能力有不同的认识。而认识的区别，体现在进行地下水可更新性评价时所取的评价指标。一般认为地下水更新能力是用于评价地下水资源的指标，体现了地下水系统接收、传输外界补给水资源的能力。

（一）地下水补给速率

地下水补给速率是指地下水的补给效率，即单位时间的降水入渗量，常用单位为m^3/a。地下水补给速率代表着含水系统接收水量补给的能力，补给速率越大，进入系统参与循环的地下水资源越多，地下水更新性就越好。

（二）地下水周转时间

地下水周转时间的定义为在确定的补给效率下，系统中所有地下水全部更新所需要的时间。因此，在数学上可将其定义为含水系统参与循环的流动水体积与单位时间补给水体积的比值。

（三）地下水更新速率

地下水更新速率是指外界进入地下水系统中的年补给水量与含水系统本身赋存水量的比值，由此定义可知，地下水更新速率是评价地下含水层获得与传输水分能力的指标。

地下水更新速率与地下水周转时间相似，是评估地下水更新快慢程度的指标，数学定义为含水系统中补给水量与流动水量的比值。地下水更新速率的大小受到诸多因素的影响，如降雨量、包气带入渗系数等都是影响区域地下水更新速率的重要因素。

五、地下水水质评价

对地下水水质进行分析与评价，需先对水源地的保护区进行划分，在充分考虑水源地水文地质条件、供水量、开采方式及污染源等情况下划分水源地的保护区范围。依据水源地保护区划分的技术规范，结合水源地的实际情况，可将保护区划分为一级保护区、二级保护区和监控区（准保护区）。一级保护区应防止人类社会活动对水源的污染。二级保护区应使主要污染物的浓度在向开采井运移的过程中衰减到要求浓度，保证取水水质的标准。监控区应对存在潜在风险，即主要污染物浓度呈上升趋势的地区，进行重点监测。在保证水源地水量、水质的情况下，保护区范围应尽可能小。

水源地保护区划分的方法有类比经验法、经验值法、经验公式法等，应结合水源地的自然环境条件，划分水源地保护区范围。水源地水质经分析应符合城市供水要求。为了保护地下水水质，营造良好的水源地环境，对保护区采取以下措施。

①加强地下水位、水质监测，取水井的井口应封闭，并留有水位观测孔；在抽水过程中应完整记录抽水累计时间，长期跟踪观测记录各井的动水位、静水位、出水量；每半年进行一次水样化验，检验取水水质的各项指标，对超标水源井进行控制、限采，保证出水水质符合国家标准。

②在取水过程中应严禁混合开采潜水、承压水含水层，避免不同含水层水质污染。

③开采漏斗中心区域应严格控制开采量，避免过量开采造成地质环境问题。

④水源地处于城市间结合部位时，体制的制约会在一定程度上影响地下水的供给，应协调水源地供给的范围、水量等。

⑤提高城市对绿地、景观等用水的重复率，尽量使用中水灌溉绿地、道路保洁等，减少新鲜水的用水量。

⑥按照水位、水量的双重指标对地下水开采量进行管理，根据不同的水位、水量分级模式，对开采量进行控制，调整不同含水岩组的开采量，促使水源地的开采科学合理，同时应减少地下水的供水比例，增加地表水的供水比例。

目前常用的水质评价方法有单因子评价法、综合指数法、模糊综合评价法、灰色系统法、神经网络法、主成分分析法等。每种评价方法都有不同的理论基础，在实际评价中对结论的侧重也不同，具有不同的应用价值。

因此，在实际评价过程中将各种方法结合是全面可靠了解水质的较好选择。主成分分析法可将多维因子纳入同一个系统中进行定量化研究，在不丢失原始变量数据信息的前提下，利用少数的综合指标反映多个变量的信息，避免人为确定权重的主观性，使分析更加准确可靠，已被广泛应用于水质评价中。但主成分分析法的结果是相对值，不能判别具体的水质类别。

六、天然地下水资源评价

天然地下水资源评价是地下水资源保护和利用的基础工作，为区域的地下水资源开发提供了重要的保障，能够有效解决区域内不合理开发水资源带来的生态问题，对区域的经济、社会发展具有积极的推动作用。

随着生态环境保护力度的加强，天然地下水资源评价方法成为研究的热点。

研究人员秦怡通过匹配区域不同尺度的水资源数据建立了地下水资源量动态评价模型，分析了实测遥感数据同地下水资源量公报数据之间的关系，通过机器学习的方法实现了对地下水资源的动态评价。

学者舒尔茨基于经济与环境权衡的角度考虑，通过 MODFLOW 软件对地下水资源的稳定性进行了评价。

研究人员刘诚利用 Processing MODFLOW 软件建立了平原区地下水数值模拟模型，预测了在不同的开采方案下研究区地下水位的变化情况，在水均衡分析的基础上，确定了研究区适宜的地下水开采量。

第八章　现代地下水与生态环境保护对策

地下水是生态建设内容的重要组成部分，对于提升生态系统的稳定性发挥着重要作用。我国地下水污染现象较为严重，地下水环境问题已经成为影响我国生态系统发展的重要因素之一，同时也对人们的生活质量造成了极大的威胁。本章分为水体与水体污染、与地下水有关的环境生态问题及防治、地下水支撑的生态系统、现代地下水水源的保护四部分，主要包括水体污染的来源、我国水体污染现状、地下水污染的影响因素等方面的内容。

第一节　水体与水体污染

一、水体污染的来源

（一）内源污染

水体中的外来污染物、死亡的生物体及水生动物代谢产物等经过长期的积累、沉淀和固化后会形成水底底泥，当底泥中的污染物积累到一定量后，释放到水体中，就会形成内源污染。研究表明，底泥中含有大量的有机物和氢氧化物、铁锰氧化物、碳酸盐等无机物，当它们从底泥中释放出来后会加剧水体环境的黑臭程度。

（二）外源污染

外源污染是指由人类活动造成的城市水体污染，主要包括工业废水污染、生活污水污染、农业生产造成的污染和污水处理后的二次污染。外源污染相对于内源污染，所占的比重较大。

1. 工业废水污染

工业废水是造成城市水体污染的重要来源之一，主要是指在工业生产过程中产生的废水、废液和污水，其中包含随水流失的工业原料、中间产物、副产品及生产过程中产生的污染物。在我国工业化发展进程中，一些企业为了节约生产成本，在废水排放过程中没有严格按照处理流程进行排放，甚至不经过任何处理直接将废水排放到水体中，严重污染了水体环境。

2. 生活污水污染

生活污水是指居民日常生活中排放的废水。生活污水造成的污染主要源于城市的老旧城区及污染防治设施建设不完善的地区。生活污水中的污染物主要包括蛋白质、尿素、碳水化合物、脂肪等有机物和大量的病原微生物。其中，有机物在水体中十分不稳定，容易腐化，产生恶臭味；病原微生物可以大量繁殖，易引起水体富营养化。

3. 农业生产造成的污染

我国是农业大国，在农业生产过程中，农民为了提高农作物产量而过量使用农药和化肥，使农田土壤受到严重的污染，而污染物经过地表径流就会进入附近的水体中。由于农药化肥中含有大量的氮、磷、钾等元素，极易引起水体富营养化，造成藻类及其他生物异常繁殖，引起水体的透明度和溶解氧发生变化，最终导致水质恶化。地膜的广泛应用极大地促进了农作物的生长，但是由于地膜的不可降解性，大量的地膜残留在土壤中会释放出氟、铅等有害物质，严重污染农田土壤，最终导致水体受到污染。另外，在畜禽养殖过程中，畜禽排放的粪便如果不能进行科学有效的收集和处理，就会随着雨水排放到城市河流中，直接加剧水环境的污染。

4. 污水处理后的二次污染

与欧美发达国家城市水污染处理水平相比较，我国城市污水处理水平和程度均比较落后。不少相关工作人员没有意识到水污染给人类带来的危害，忽视对水污染的有效处理。同时，我国针对水污染的处理技术也不成熟，大量处理后的污水仍存在污染物，排放后会导致城市水体的二次污染。

另外，随着城市化的快速推进，城市污水排放量剧增，远远超过污水处理厂的处理上限，导致大量污水未经过处理直接排放到城市水体中。这也是造成城市水体污染的重要原因之一。

二、我国水体污染现状

随着我国经济的高速发展，整个社会处于不断升级发展的过程中，人们的生活质量得到了相当大的提高，不仅生活条件比过去提高了很多，生活方式也变得更加快捷方便，但是由于在发展的过程中没有意识到环境保护的重要性，导致环境污染问题变得越来越严重，其中水污染问题并没有得到及时有效的解决，多种问题愈加凸显。

根据专家的调查，我国的江、湖流域少有没被破坏和污染的，大多数河流都被发现有各种程度的富营养化，经进一步研究，发现有超过两千种的污染物。研究发现，我们生活中所排放的各类洗漱水和粪便水占了废水的主要部分。在城市化的高速进程中，由于其配套的废水处理设施发展得不够完善，导致了城镇里的许多垃圾废物随着雨水慢慢进入水体中，也在很大程度上加重了水污染问题。

此外，各种重工业产业排放的废水也是导致水污染问题变得严重的主要原因之一，我们通常称之为工业废水。除了工厂中排出的废水，其排出的各类废气和固体废物等也会对水环境造成不利影响，因为它们往往会随着雨水落到地面，有些还会慢慢侵入地下水形成难以处理的重大污染。

由于我国是农业大国，所以还有来自农业的污染。大规模的粮食种植需要用到大量的化肥和农药，人们在对它们的长期使用过程中，使过量的化肥农药逐渐流入地下水中，造成严重的水污染，各类畜禽的喂养也同样会给周边河流污染。同时，我国农村发展缓慢，许多设备设施较差，使农村居民生活所排放的生活污水难以得到有效处理，也会造成水体污染。

第二节　与地下水有关的环境生态问题及防治

一、地下水污染的影响因素

（一）农业活动

种植户在开展农业活动时，为达到增收增产的目的，会使用一些化学产品进行施肥、洒药等，以此来提高农作物生长速度。由于这些化学产品并不能被农作物全部吸收，不被吸收的化学物质会渗透到地下，参与到水循环中，导致地下水水质中某些元素超标。从对农业活动区域的地下水水质分析结果来看，水中的磷和氮等元素含量严重超标，打破了水中的营养平衡，对周围居民和动植物会造成严重的影响，同时也影响着农业经济的发展。

（二）工业活动

从地下水水质分析整体结果来看，工业活动是造成地下水污染的主要因素之一。由于工业活动中会使用大量水资源，同时也会产生相等量的工业废水，

如果没有科学处理这些废水，将其直接排放到自然界，这些废水就会渗透到地下，参与到水循环中。由于这些废水中还有很多对人类和动植物有害的放射性物质，这些物质融入地下水循环后，会被人类和动植物吸收，给人类健康和动植物生长都带来严重的影响，甚至会导致各种疾病发生，不利于社会健康和谐发展。

（三）矿业活动

在地下水水质分析中可以发现，矿业活动造成的水污染问题十分严重，也是最常见的地下水污染源头之一。当采矿完成后，会在地表留下矿坑，这些矿坑经过长时间的打磨可能会产生重金属等有害物质。如果未能及时处理这些有害物质，当遇到下雨天气，这些有害物质经过雨水冲刷就会渗透到地下，参与到水循环中，使地下水中含有重金属，给周围居民健康和动植物生长造成严重影响。还有如果人们对石油等资源的管理不到位，导致这些资源发生泄漏，势必会影响地下水质，造成地下水污染，不利于地下水的可循环利用。

（四）日常生活

人们在日常生活中会使用大量的水资源，一个成年人身体中水分含量大约占体重的70%，由此可见，水资源对人的重要性。人们在使用水的过程也会产生生活污水和垃圾，如果这些生活污水和垃圾的处理方式不合理，如直接排放到大自然中或者进行垃圾焚烧、掩埋等，都会导致生活污水和垃圾中的污染物质渗透到地下，参与到水循环中，对地下水造成污染。所以在提倡人们节约用水的同时，也要科学合理地处理生活污水和垃圾，减少这些物质对生态环境和资源的影响，为人们构建更优质的生活空间。

二、地下水环境问题

（一）浅层地下水环境主要问题

①部分加油站、化工企业、医药制造企业、非金属制品企业、垃圾填埋场等以及尾矿库防渗措施不到位，使得废水、渗滤水较容易进入浅层地下水，会使浅层地下水环境恶化。例如，大量工业固废如煤矸石等未得到有效综合利用或处置，大量矸石山长期存在，部分煤矸石堆未规范处理，未采取分层处理、覆盖黄土、建栏杆坝、建排洪渠等措施，未做到防渗、防漏、防尘“三防”举措，使得污染物极易进入地下水。此外，垃圾填埋场及危废处理厂的渗滤液同样容易渗入浅层地下水，对浅层地下水环境造成污染。

②因地表水与地下水相互连通，使浅层地下水污染十分严重。

③矿产企业，如煤层气、煤炭等矿产开采时，由于技术限制或出于安全角度考虑，会疏干浅层地下水，造成浅层地下水水量减少，另外，在开采过程中煤层中的污染因子如硫酸根离子、铁离子等不可避免地进入浅层地下水，造成地下水水质变差，从而使浅层地下水环境遭到破坏。

④农业中农药与化肥的大规模使用，对土壤环境造成了沉重负担，进而使浅层地下水环境受到污染。

⑤环保基础设施薄弱，尤其是在村镇，居民聚集区的生活污水大量排放，使得地下水污染十分严重。

⑥企业、居民大量超采浅层地下水，导致地下水资源量减少，溶质浓度增加，从而导致浅层地下水环境持续恶化。

（二）深层地下水环境主要问题

①矿产企业对煤矿、煤层气、石灰岩等资源特别是煤矿的开采，对深层地下水的水量、水质影响较大。在进行煤矿开采时，会扰动深层地下水周围岩层，使深层地下水围岩原始应力平衡状态被打破，导致围岩破裂，导通含水层。甚至为了防止突水事故发生，会人为疏干深层地下水。另外，在煤矿开采过程中的矿井水、开采后的老窑水以及地面煤矸石等固体废物堆积在地面，经降水淋溶后的污水都会进入深层地下水，从而造成污染。

②生活污水以及受污染的地表水的下渗，使得污染物进入深层地下水，从而恶化深层地下水环境。

③深层地下水的大量超采，会使地下水资源减少，溶质浓度增加，从而导致深层地下水环境持续恶化。

④受污染的浅层地下水越流补给深层地下水，会造成深层地下水环境恶化。

三、地下水污染防治的双重意义

①可以保护地下水资源，减轻地表水污染，形成良好的水生态环境系统。地下水因为自身水循环过程迟缓，所以单纯依靠水体循环自然净化污染较为困难，因此，我们必须按照“预防为主”的原则，采取措施保护地下水，从源头上解决地下水的污染问题。保护作为饮用水主要来源之一的地下水，就是保护饮用水安全。地下水与地表水之间具有相互渗透、相互转化的特点，对地下水的污染防治，不仅对地下水本身具有保护作用，对地表水的污染防治也有保护作用。河流、湖泊或近海等地表水体的污染会渗透到土壤或岩石中污染地下水。被污染的地下水也会反过来渗透到河流、湖泊或近海等水体中，成为地表水体

污染的来源之一。为了能够有效地控制和治理地表水体的污染，应构建好切实可行的防治体系，确保具体的作业计划执行状况良好。

②可以提高公众环境保护意识，促使各方形成合力，完善环境保护法律体系。通过自上而下对地下水污染治理采取强有力的防治措施，以治理行动、治理效果这一良好的宣传素材加强宣传教育，使公众的环境保护意识增强，从而自觉地加入环境保护工作中来，正确看待防治计划的实施对地下水污染问题科学应对的重要性，并在实践中争取做到自身危机意识不断强化，给予地下水保护工作更多的支持，确保具体的工作计划实施状况良好。在实践中也需要开展好对地下水污染的打击行动，提高检测机构对地下水的监测规范性和技术水平，逐步完善地下水保护和污染防治法律法规、标准规范体系，形成包括地下水污染防治在内的各水域污染防治法律法规体系。

四、地下水环境污染的治理方法

近年来，随着国家对环境保护的日益重视，人们对城市水体污染的治理方法进行了大量的研究与探索。目前，城市水体污染治理方法主要有物理治理法、化学治理法、生物治理法及生态治理法。

（一）物理治理法

物理治理法是指将污染物从水体环境中移除，从而达到改善水体环境的方法。当前处理城市水体污染的物理方法主要包括截污分流、引水冲污、河道清淤等。截污分流指通过建设城市雨污分流管网，使污水处理后再排放到水体中，可以使城市水体中的污染物总量显著减少。引水冲污指用未受污染的水置换河道中的污水，通过稀释河道中的污染物来降低水体污染程度。水底底泥中含有大量的污染物，清除底泥，可以直接减少水体中污染物的含量。物理治理法效果明显，但是存在工程量较大、成本高、不能从根本上解决水质问题的缺点。

（二）化学治理法

化学治理法是指根据水体中污染物的类型和特点，有针对性地将化学药品（如除藻剂、氧化剂等）投入水体中，从而达到降低或者去除水体中污染物的目的的一种方法。例如，在水体中加入含铜制剂或者高锰酸钾等氧化剂除去水体中的藻类，在水体中加入铁盐、铝盐等混凝沉淀剂去除水体中的磷等。化学治理法具有治理效果显著、处理效果稳定等优点，但是其治理成本高，无法进行永久性的修复，可能还会增加水体中的其他污染物，造成水体的二次污染。

（三）生物治理法

生物治理法是利用动植物或微生物来对城市水体中的污染物进行吸收与转化，从而达到净化水体、恢复生态的目的的一种方法，主要包括植物修复法、动物修复法和微生物修复法。

植物修复法是指利用水生植物在生长过程中对水体中的污染物进行吸附、吸收、降解和富集，从而达到净化水体的目的的一种方法。例如，苦草对底泥中的氟和重金属锌有较好的去除效果。动物修复法是指利用水生动物（鱼类、底栖动物及浮游动物等）对水体中的污染物进行吸收、富集和转化，从而降低水体中污染物的含量的一种方法。鱼类是动物修复法的关键参与者之一，其能够通过食用藻类来控制藻类的过度繁殖，进而改善水质。微生物修复法是指利用某些微生物吸收和消化污水中的有机物，从而降低水体的污染程度的一种方法。微生物修复过程中产生的代谢产物能够为其他微生物提供养料，形成循环系统，直到污水中有机物完全被分解。微生物修复法具有治理成本低、整体作用好等特点，但是水体中的重金属不能被完全降解，微生物会产生有毒的代谢产物，对水体造成二次污染。

（四）生态治理法

生态治理法是利用自然环境的自身修复能力来改善水体环境的一种方法。它以自然演化为主，可适当通过人工进行强化。例如，建造人工湿地、生态河道、生态沟渠等。生态治理法具有实用、经济、高效、运行成本较低、发展潜力较大等优点，正在成为城市水体污染治理的主要技术手段。

五、地下水环境污染的治理路径

（一）控制水源

①农业灌溉必须科学合理，相关部门应坚持加强、优化城市供水管网建设，促进清洁用水和喷灌技术的发展，提高其普及率，避免浪费水资源。

②要充分利用现有的排水系统，并在此基础上充分重视城市污水处理站的建设，建立完善的城市排水系统，禁止任意排放生活污水、工业废水。

③应加强生活垃圾的管理力度，相关部门应采取有效的预防措施，减少固体废物对城市地下水水质的不良影响。

（二）加强宣传教育

①加强宣传教育可使污染制造者更好地理解相关政策，提高公众的环保意

识和能力，加强监督，及时发现相关问题，协助相关部门进行管理干预，具体方法应根据污染源现场的实际情况来确定，宣传方法与内容应满足现代化发展需求。

②利用大数据和信息技术进行监督管理，可促进相关知识的传播，提高教育政策的影响力。可以通过发动群众监督反馈，降低监督管理的成本；可以通过使用科技手段，提高信息反馈的便捷性、全面性。

在防治城市地下水资源污染的过程中，应提高人们的环境保护意识，使他们认识到城市地下水资源的重要性，从而为城市地下水资源保护提供帮助。

（三）兴建地下灌溉水库

兴建地下灌溉水库，大力支持、鼓励和提倡农民节省灌溉用水，限制过量地开发利用地下水。我们主张少水多用，以富含地表水或者浅层水的地下水资源来直接代替其他高品质深层地下水，适当地开发利用各类工农业和居民生活所需用水，同时回收利用其他饮用水；对较为优质的工业专用冷却水和存在于大气环境中的自然降水等进行过滤、回收，浇灌至地下水中。

（四）加强污染源控制

为了避免地下水被污染，我们需要加大控制力度，从废水生产源头入手。在工业生产中，需要做好废水处理工作。对于污染重的企业进行整改，使其能够达到合格的标准。在农业生产中，国家需要安排专人对农民开展教育，促使农民正确使用肥料和生物农药。与此同时，要意识到新型喷灌方式的重要性，对其进行合理使用，防止发生水资源浪费现象，避免地下水受到污染。对于畜牧业，一定要注重安装发酵装置。畜牧生产会产生粪便，粪便发酵后会产生气体，这种气体主要成分为甲烷，可以为家庭供电，还可以防止因粪便的问题致使地下水受到污染。除此之外，畜牧粪便还可作为肥料，将其撒在大地中，可以促进农作物生长。在处理生活污水等方面，政府需要加大建设力度，通过建设污水管道来防止地下水污染。

（五）提升人们的保护意识

近几年，一些地区出现了地下水资源紧缺现象，导致这些地区的生态平衡遭到破坏，土地逐渐沙漠化。为了改善这种情况，就需要不断增强人们的节约用水意识，让人们在日常生活中提升水资源利用率。例如，对水进行二次循环利用，用洗菜、洗漱用水来冲洗厕所等，通过这种生活小细节来减少水资源浪费情况。现在很多城镇的公共场所也存在对水资源的过度滥用现象，如“拧不紧”

的水龙头、一些冲水的便器等，为了减少这些公众基础设施对水资源的浪费，就需要相关管理部门加强对这些设备的日常维护工作，及时更换掉不合格的公共设施，避免水资源浪费，从而对地下水资源起到保护作用。

（六）生物处理＋深度处理

我国最初对垃圾渗滤液进行处理时，使用的技术以“氨吹脱＋厌氧＋好氧”为主，这种技术方法虽然可以使垃圾渗透液经过处理后达到三级出水标准，但是运行成本较高。同时，其在技术方面仍有很大的上升空间。

随着时间的推移以及技术的优化与升级，大型城市的高速发展，新建的垃圾渗滤液处理厂通常会建设在远离城区的郊外，此时由于其距离城区较远，渗滤液无法排入城市的污水管网中。如果这些渗滤液可以得到有效净化，达到二级甚至一级排放标准，就必须配合更加先进有效的渗滤液处理技术。所以通常情况下，技术人员会配合使用“生物处理＋深度处理”的方法保证效果。近年来，膜生物反应器以及反渗透技术受到了广大垃圾处理厂以及渗滤液处理技术人员的青睐，使其应用越来越广泛。使用该方法不仅效果好，还可节约大量成本。

（七）加强农业水污染治理

要治理农业种植对地下水造成的污染，就需引导农民使用残留度低的农药喷洒，降低农药的毒性，尽量选择种植绿色健康植物，根据实际情况调整农业种植结构，以此来减少农业种植对地下水造成的污染。由于农村地区地下水会受到农药、化肥等化学物质的污染，如果某一地区水资源缺乏，还过度使用农药，会使仅有的地下水资源受到污染，导致该地区的生活用水越来越缺乏，不利于农村经济发展。

（八）加强工业水污染治理

在治理工业废水对地下水造成的污染时，要将预防和治理两个工作融合起来，严格规范工业废水治理，对不合理的治理方式进行改良与升级，加强对工业废水处理工作的监管力度，制定工业生产垃圾排放的相关规定。应明确要求各企业严格按照规定执行，如果发现企业工业废水处理不合格，要根据相关规定对其进行处理和惩罚，并要求其完善工业废水处理工作。对于工业聚集区要采用集中治理地下水污染的原则，在节省人力等资源的基础上，达到科学治理工业水污染的目的。

（九）加强生活水污染治理

在治理生活用水对地下水造成的污染时，可以采取调查问卷的形式，调查的对象是地下水资源周围住户，调查的问题是让他们对周围环境和水资源进行评价，将调查结果汇总并反馈给相关人员，相关人员应将其视为一项水污染治理参考指标，确保后续制定的水污染治理策略更加科学。

同时，也要加强生活污水、生活垃圾的处理，倡导人们要节约用水，生活污水要经过过滤加工处理才可以排放到自然中，减小生活污水对地下水造成的污染。要建立完善的城市污水处理设备，针对比较难处理改造的污水进行截流，如建立处理污水的配套管网，同时加强对生活污水中污泥的治理，采取无害化、再利用的处理原则，禁止将处理不合理的污泥排放得到大自然中，通过这些有效措施降低人们日常生活对地下水的污染。

（十）实施污染物清除和阻隔工作

实施污染物清楚和阻隔工作，可采取以下措施。

1. 屏蔽法

构建物理屏蔽，可以防止地下水污染程度加大，其中灰浆帷幕法是最常见的一种物理屏蔽方法。这种方法是指在灰浆灌注的过程中，主要通过借助压力，在受污染的地下水周围设立一道帷幕，以有效地阻隔遭受污染的水体。

2. 抽出法

抽出法主要用于石油类水污染的治理中，其处理过程为将受到污染的地下水抽到地面再对其实施净化处理，在实际处理的过程中可引入地表水处理技术，之后再将其重新注入地下水中。

第三节　地下水支撑的生态系统

生态系统是指在一定时间和空间范围内，生物与生物之间、生物与非生物之间，通过不断的物质循环和能量交换而形成的相互作用、相互依存的生态学功能单位。生态系统是人类生存与发展的必要基础。生态系统为人类提供食品、药物及其他生活生产原料，提供氧气，调节气候，涵养水源，防风固沙，保持水土，保护生物多样性。研究水循环与生态系统的相互关系，形成了生态水文学。近年来，基于地下水与生态系统的关系，正在形成新的交叉学科——生态水文地质学。生态水文地质学研究与地下水有关的生态系统，即地下水支撑的生态系统。有关地下水支撑的生态系统的研究尚不成熟，至今还缺乏统一的分类。因此，下面只对其进行一些初步讨论。

地下水支撑的生态系统可以大致分为三类：地下水中生存的生态系统、地下水直接支撑的生态系统以及地下水间接支撑的生态系统，如表 8-1 所示。

表 8-1 地下水支撑的生态系统分类

地下水支撑的生态系统分类	地下水支撑的生态系统亚类	简要说明
地下水中生存的生态系统	地下水中生态系统	含水岩系孔隙（包括溶洞）中的微生物、无脊椎动物及鱼类等
	潜流带生态系统	含地表水及地下水交错带中的无脊椎动物等
地下水直接支撑的生态系统	陆生植被生态系统	受地下水位及地下水－土壤含盐量控制的陆生植被生态系统
	地表水岸边生态系统	受地表水及地下水控制的河流、湿地岸边生态系统
地下水间接支撑的生态系统	河流基流生态系统	接受地下水补给的地表水体支撑的生态系统，受地下水补给量、含盐量等控制
	湿地生态系统	
	海底及海岸带生态系统	

一、地下水中生存的生态系统——潜流带生态系统

潜流带生态系统作为地下水中生存生态系统的亚类，其是指河床湿周外围存在一个地表水－地下水交互作用地带，称为潜流带，也有人称之为地表水－地下水交错带。潜流带是一个独特的生态环境。在河流与地下水积极交换过程中，会发生物理渗滤及生物地球化学作用。通过上述作用，会使金属离子沉淀，有机污染物降解，河流底泥自净能力增强，水质改善。潜流带为地表水体提供生物所需的营养物质，在洪水或干旱时期是许多无脊椎动物的避难所。在潜流带中每年都会发现许多新的种群，是生物多样性的重要储库。

二、地下水直接支撑的生态系统——陆生植被生态系统

陆生植被生态系统与生态地下水位有着紧密的关系。地下水为植物提供水分、盐分、有机养分及热量。地下水位过深时，植物根系无法从毛细水带吸收足够的水分等，导致植被退化；水分长期供应不足，则植被消亡。地下水位过浅时，或导致土壤盐渍化，威胁植被生长；或因毛细饱和带接近地表，非喜水植物将因缺氧而退化。据此，提出了生态地下水位的概念。

生态地下水位是维持特定植物种群的（浅层）地下水埋藏深度。当地下水

埋藏深度大于或小于某一植物种群的适应范围时，这一植物种群会发生退化。通过统计出现频率最高的植物种群相对应的地下水埋藏深度，可以确定该种群的生态水位。

对于干旱半干旱地带，地下水含盐量也会制约植被发育。王文科等研究人员对准噶尔盆地做了观察统计：以地下水含盐量为横轴，以地下水位为纵轴，将适生植被标示于图上相应部位。这种方法，同时考虑了地下水位及含盐量对植被的制约，值得借鉴。

三、地下水间接支撑的生态系统——湿地生态系统

狭义湿地是指地表过湿或经常积水，适合湿地生物生长的地区。湿地生态系统是湿地植物、栖息于湿地的动物、微生物及其环境组成的统一整体。湿地具有保护生物多样性，调节径流，改善水质，调节小气候，提供食物、药物及工业原料，提供旅游资源的功能。

地下水间接支撑的湿地生态系统，要求地下水位大部分时间高出地面。湿地中发生一系列生物化学作用：湿地植物根系释氧，使金属离子氧化沉淀、非金属离子氧化、污染物得到生物降解，从而改善水质。过度开发地下水会使地下水位降低，使湿地退化甚至消亡。

第四节　现代地下水水源的保护

一、技术视角：优化水质监测技术

（一）加大水质监测资金投入

在水质监测阶段获得的数据和信息必须经过各种比较和认证，它们是各个阶段发展的支持点。因此，为了获得高精度的水质监测结果以提高监测结果的准确性，有必要购买和应用高精度、优良的监测工具和监测仪器，并及时维护和修理，使设备和仪器保持准确性。这就要求政府和有关部门加大对水质监测工作的重视程度，尽可能增加资金分配和资产运用，使监测结果越来越准确。

（二）使用精良的仪器设备

在使用质量检查实验设备之前，应首先进行专业检查，以防止发生常见设备故障和药品过期问题。在实验设备的应用中，由于水质监测工作非常复杂，因此对进行仪器设备检查的人员也有很高的要求。如果无法按照步骤进行操作，

或者没有用于监测水质的设备，那么水质监测结果就会出现错误。

另外，应按时检查设备。必须在两个监测周期的中间检查设备，以确保设备仍在运行。

（三）选择合理的水质监测点

水质监测点的选择对于水质监测的结果至关重要。在进行具体监测时，必须根据当地情况选择最合适的水质监测点。应按照相关规定，对同一区域内不同地址进行相应检查。在水质监测工作中，要充分考虑导致水体环境污染的因素。

另外，在整个监测过程中，应考虑监测区域独特的地理环境。例如，由于河流上游和下游都位于深山之中，交通不便，开发程度不高，环境污染少，而由于中下游地区位于居民区，开发程度高，因此它们遭受了许多环境污染。在这种情况下，应该对该区域进行分类和解决，而不是最初选择对其中之一进行监测，否则将得出错误的结果。

（四）加强大数据技术的应用

近年来，我国经济持续快速增长，水资源的开发利用程度逐渐加大，引起的生态环境问题受到了社会层面的广泛关注，浅层地下水的污染和利用问题形势严峻。这需要相关人员重视地下水监测工作，从而为经济社会发展打好稳定基础。在整个监测环节当中水位因素会处在非常重要的位置，同时关注水文系统的监测结果，通过人工采样分析或自动监测等方法完成数据的处理和传输。在这一过程当中，大数据能够对各个基站监测出的异常信息展开统计分析，借助完善的预警系统发布预警信息，一旦在地下水监测环节有报警情况就能对这些内容数据报表进行下载分析，从而利用动态化监测提升监测信息利用率。在地下水监测当中，大数据的应用对策主要体现在以下几方面。

1. 地下水地理位置信息监测

在大数据技术的应用过程当中，本身会借助地理空间数据库和计算机软硬件完成位置信息的采集分析和显示，以实现实时监测。此外，地理信息和户外观测数据将朝着数字化和多样化的形式转化，从传感器区域获取的数据能够呈现出多样化的特征，发挥大数据的数据处理功能。例如，数据获取或空间查询等组成部分都可以成为数据应用的关键点，为地下水研究和工程建设辅助决策工作获取所需要的数据，掌握地下水和周围环境之间的关系，确保地理位置信息监测工作顺利进行。

以地下水监测为例，为了充分体现技术作用，可以通过远程查询的方式将监测获得的参数以画面的方式呈现在技术人员面前，完成图表的水位分析与报表生成，在分类后进行信息处理和储存，以多种方式进行检索。如果水位降低异常严重，那么用户端的计算机屏幕会显示出这些信息，并有蜂鸣声报警行为，技术人员可根据水位变化数据的时间范围和起始值等进行相应处理，确保地下水位不出现严重问题。

而在地下水污染监测方面，如果某个区域的地下水污染严重，将逐步影响周围区域的地下水水质。大数据当中的云计算功能能够将这些复杂信息进行统一的整理和分析，记录地下水的成分或污染物状态、含量等，确定某些区域的成分缺失和含量超标情况，而预警中心会发出警报作出提醒，以遏制污染范围的进一步扩大，数据中心在第一时间获取反馈内容之后，将提示重新发送给用户，帮助用户尽快采取技术措施，避免水污染造成更大范围的损害。水资源大数据平台会采用 MapReduce 等作为水资源数据离线处理的主要计算框架，以高数据吞吐量来作为数据处理的主要分析工具。每隔一段时间，我们也可以借助大数据同步工具定时将水资源传感器接收的数据同步到平台数据库当中，做好关键信息的永久保存和备份。

2. 水质监测与平台构建

现代化的大数据地下水监测体系，主要依靠智能技术或计算机设备完成监测过程，并将海量的存储数据和水质监测内容进行动态化处理，然后通过平台构建的方式获取详细信息。在数据库构建的过程当中，动态化监测信息内容会根据信息的特点要求进行归类整理，随后进行标准模式的量化和存储。例如，水质综合标识指数和水体感官状态等指标可以通过公式和计算的方式作出评估，分析并建立和本质规律相符的数学应用模型。如果水质存在异常现象，通过预警系统能够将异常信息发送给数据使用者。当然，一切工作需要以水资源保护为基本前提，辅以信息技术的支持，完成具有兼容性的数据管控，在今后的水文监测环节发挥稳定的服务价值。值得一提的是，大数据技术的应用能够完成对地下水数据的可视化分析，无论是专家学者还是一般用户都可以通过可视化手段来直观分析数据特征，提升数据的时效性和利用价值，发挥现代通信技术的优势。

3. 静态要素选择与信息获取

静态要素包括排水通道密度、断层密度、高程、坡度等，这些和地下水资源量相关的要素随时间变化而存在差异。静态要素在短时间内并不会发生变化。

例如，地势就决定了地下水的流向，并影响地下水的整体补给过程，大气降水和地表水作为地下水的主要来源，坡度对于大气降水的影响非常明显。某些坡度较大的山区或沟谷地形，大气降水在地表的停留时间很短，反之在平原地区大气降水停留时间长，地下水资源量非常丰富。这些信息可以利用 ArcGIS 软件进行提取，然后对基于矢量化的网络数据进行评估，最终计算出要素信息结果。当然地下水资源的量本身具有空间不均匀分布的特点，某个区域的地下水资源数据可以表示整个大区域内的资源量状况，我们在研究当中可以利用大数据手段获取动态评价模型或其他标准依据，完成对于静态要素的选择和信息获取。在未来的工作当中，还可以将数据尺度提升到更加精确的水平，从而获取大数据学习样本，展开神经网络学习，建立地下水资源评价结果，使整体误差控制在合理范围内。

二、管理视角：构建水资源保护的管理机制

（一）加强水源地管理的部门协作

无论是地下水水源地还是地表水水源地，都是人类开发利用水资源的基础，因此，其行业管理应该由水资源利用管控部门（水利或水务部门）负责。具体的资产管理由供水单位或自来水公司负责，按照行业管理的要求进行运行维护。

对于水源地的水质监测，除供水企业按照现有监测制度进行外，水行政主管部门应该负责好这项工作，加强对水源地的水质监测，掌握水源地水质状况。

对于区域地下水保护及污染防治，要加强部门协作，水利部门负责地下水功能区划，生态环境部门负责保护区及保护目标制定及风险源监控，农业农村部门负责面源无害化及减量化治理，工业部门负责点源治理及无害化处置等。

总之，地下水水质保护需要跨部门的合作，而不是一家全管。

（二）完善地下水管理机制

1. 协调地下水管理职权的行使

对地下水进行及时有效的统筹规划和管理，是开展地下水资源保护工作的基础。目前我国地下水资源的管理主要由国家水行政主管部门及其下属流域管理机构、各地方政府水行政主管部门以及国家生态环境部下属的各环保部门负责，城市地下水资源及部分开发项目的审批由城建部门负责。由于权力较为分散，工作衔接容易不到位，管理权限经常出现冲突交叉，为此可以尝试建立一个单独的地下水管理部门来对地下水资源进行监管，既能提高工作效率，又能

在一定程度上防止地方保护主义的干扰。

可以尝试在我国水行政主管部门下设立单独的地下水资源管理机构，来对全国地下水资源实行的统筹规划，同时负责监管全国地下水资源监测系统以及信息数据库；在各地方政府下设地下水资源管理办公室，归全国地下水资源管理机构统一管辖，取消城市城建部门对城市地下水的管理审批权限，由其负责各省市地下水超采区、限制超采区的划分；在地下水管理机构下设地下水监测数据管理办公室，负责对地下水监测设备进行维修看护，对监测到的数据信息进行汇总，并及时将数据信息上传到全国信息数据库，以便于其他部门以及公众的查询和监督；在全国水资源行政管理部门设立单独的地下水资源管理机构，并负责直辖管理各地方地下水资源管理办公室，不仅能提高地下水管理机构的层级效力，避免地方政府为经济发展而忽略对环境的保护，减少地方保护主义的发生概率，也使权力得到了集中，保证了工作效率，便于对地下水资源进行更科学全面的监管。

2. 适当扩大环境保护部门职权范围

第一，在现有法律规定中适当明确各省市生态环境部门的职能。将政府等部门管理权限下放，要求制定地下水资源综合规划以及审批各类水井项目、开发建设项目时必须有环境保护部门参与，并出具专业性的意见书，防止其他部门存在忽略周边环境状况、对生态系统造成损害的情况发生。

第二，生态环境部门除了负责地下水污染治理和恢复的工作外，还应与地下水资源管理办公室一同监管地下水资源的开采工作。要求地下水开采项目的审批和取水许可证申请、地下水区域的划分，都必须征求环境保护部门的意见，环境保护部门综合考量周边生态环境现状后，提交意见报告书。

第三，可尝试赋予各省市生态环境部门一票否决权，即通过法律规定出不予批准的项目类型和标准，当相关建设项目符合该标准，或接近该标准，但通过科学论证认为会对地下水资源和周边环境在未来造成威胁破坏时，环境保护部门有权向政府提出不予批准的申请并提交原因报告书，政府应当进行及时调查并做出合理的判断，若调查后发现不符合建设标准但仍继续批准该项目进行时，环境保护部门可利用一票否决权禁止该项目继续开发。

造成地下水资源过度开采和污染的原因之一即对地下水未能进行及时有效的管理和控制。各地区无节制的开发利用行为、各行政管理部门工作的混乱滞后，都对地下水管理工作的顺利进行制造了阻碍。因此，健全我国地下水管理体制，协调管理职权，并尝试扩大环境保护部门职能范围，加强地下水监管力度，更有利于对地下水资源进行合理保护。

（二）健全地下水资源监测机制

1. 丰富地下水监测的法律内容

由于原有的《全国环境监测管理条例》已经被废止，因此必须在其他相关法律中对地下水环境监测标准、监测项目、监测井的及时检修等进行具体的明确规定。可以尝试设立具备专业性的地下水井监测专员和维修专员，对监测设备进行及时的检修和更换，保证监测井始终处于有效运行状态，防止资源浪费，确保地下水监测工作的进行；对地下水监测井的建设标准也需要进行具体的规定，防止监测井的建立对周边环境造成影响，并合理制定地区监测井设立的数量区间，避免发生监测网点分布不均、数据重复或贫乏等情况的出现；增强会对地下水产生危害或潜在威胁的化学物质及有害物质的了解程度，以便对现有的《地下水质量标准》中的指标进行更新和补充等。

2. 促进地下水监测数据平台专门化

目前，我国尚未建立单独的全国地下水监测数据信息共享平台，监测数据和其他资源监测数据混合上传在同一信息平台上，还有部分监测数据仅保存在各省市部门的数据库中，没有及时提交给国家数据监管部门。地下水监测数据不全面，各省市无法进行数据查询和监测数据共享，当发生跨区域的环境问题时，各行政部门的工作无法进行有效的衔接，不能及时处理各类紧急环境状况，地下水资源也得不到合理的调配使用，阻碍了各行政区域地下水资源管理工作的进行。

因此，必须积极构建专门的全国地下水监测数据信息共享平台，规定各省市地下水监测机构必须定时上传监测数据至全国地下水监测数据库，并由平台工作人员将地下含水层水质情况、水井利用情况以及地下水量等相关监测信息进行汇总分析，帮助各省进行及时有效的预防工作和规划工作。

与此同时，允许公众通过联网共享机制登录数据库进行全国和各省市地下水资源监测数据查询，并允许公众上传其自身监测数据来与各省市监测数据进行比对，若发现数据不符的情况，可以提出质疑或进行监督举报，如此既保证了公众的知情权和监督权，也有助于保证地下水监测数据的真实性。

除此之外，相关行政管理部门应当定期派遣专业的技术工作人员对各地监测点进行走访调查，对监测上报情况进行核实确认，防止地区瞒报和监测数据上传不及时、监测数据造假等情况的出现。

3. 加快形成全面地下水监测网络系统

全面的全国地下水监测网络系统是进行地下水统筹管理以及污染治理、水量恢复等工作最重要的前提条件之一。然而，目前我国的地下水监测系统还不够完善，尚未形成覆盖全国的地下水监测网络，监测技术和设备也都较为落后，因此，可以适当借鉴其他国家建设地下水监测体系的经验，采取相应的措施，加快覆盖全国的地下水监测网络系统的形成。

第一，建立专门的全国地下水监测管理研究机构，对各省（自治区、直辖市）上报的地下水监测数据进行有效研究、分类和汇总。

第二，国家可以适当给予资金政策扶持，激励各类人才进行地下水资源监测技术和监测设备的科技研发，合理引进和借鉴国外的监测技术和监测手段以及数据分析的经验等，与我国地下水情和监测机制相结合，丰富我国的监测手段，以获取更为全面的地下水资源数据信息，增强地下水监测的精确性。

第三，加快建设地下水监测网络，构建“双源监测”，对地下水污染源也进行适当监测，加快建设“点面结合”的全国地下水监测网络。通过增加监测网点，构建覆盖全国的地下水监测网络系统，对地下水资源实行动态监测，对于部分未及时进行监测的地区进行监测补充。

第四，鼓励公众和企事业单位参与地下水监测，借鉴国外人工监测与志愿者合作的模式，在我国也设立人工定期定点监测区域，有助于及时观测地下水周边环境状况，弥补设备监测的弊端，同时也可节约监测成本。

三、立法视角：完善地下水资源保护的相关法律

（一）及时修订我国现有相关法律

第一，在法律条文中进一步贯彻落实环境保护相关原则理念，在《中华人民共和国环境保护法》（以下简称《环境保护法》）规定的“污染者负担原则”“预防为主原则” “协调发展原则”三项原则基础上，根据地下水资源的特性、立法保护目的及国家环境保护的基本方针政策等，在法律修订过程中对环境保护的原则理念进行更深层次的体现。

我国对地下水资源进行保护的主要目的是维护生态的平衡，通过法律规范人类各项活动，维持地下水资源和周边生态环境的可持续性利用，保证人与自然和谐共生，因此可以在修订相关法律内容时适当体现“可持续发展原则”，根据该原则对地下水资源进行合理的水层划分，对各地的企业单位和个人在利用地下水资源时所必须遵循的制度进行具体规定，如取水许可制度、排污制度等。地下水资源潜藏在地表之下，具有跨区域流动性，因此在管理地下水资源的过程中经常出现各区域管理权交叉的情况，造成监管不及时和监管混乱的局

面。由于管理体制的不完备，导致发生环境问题时不能得到及时有效的解决，加重了地下水污染，因此可以在“协调发展原则”基础上对各法律法规中地下水资源管理方面的内容进行完善，明确各主体的权利、责任和义务，增加法律规定的实际可操作性，对地下水资源实施有效的监管。

另外，“污染者负担原则”和“预防为主原则”也必须得到贯彻落实，采取“谁污染谁治理、谁利用谁保护”的原则，对各法律法规中的地下水污染追责机制和生态赔偿制度进行完善，保障地下水污染得到及时有效的治理和恢复。

除此之外，由于地下水资源自身的潜藏性和滞后性，一旦其遭到污染破坏，难以被及时发现，恢复周期也较长，因此必须修订增加预防保护为主的相关内容，防止地下水污染和超采现象的发生，以降低地下水环境问题的治理难度，使地下水资源的承载能力与生态环境和社会经济发展相适应。

第二，对现有法律法规的条款内容进行细化和补充完善。现有地下水资源相关法律内容存在于《中华人民共和国水法》（以下简称《水法》）《中华人民共和国土壤污染防治法》（以下简称《土壤污染防治法》）《排污许可管理办法（试行）》等法律之中，但规定不够具体和详细，必须尽快对较为陈旧的条款进行修订，补充欠缺的法律条款，对地下水资源进行及时的管理和保护，使各个法律法规之间得到有效的衔接，达到相辅相成的法律效果。

例如，在《土壤污染防治法》中，可以具体规定出会造成地下水污染的化肥农药的种类，对其使用标准和数量进行限制；对在修复土壤过程中如何有效避免对地下水造成影响进行具体规定，同时对造成土壤污染的责任人是否需要承担地下水污染的责任并对其进行治理恢复也应当进行具体的规定。在《排污许可管理办法（试行）》中，针对排放到地下水体中的污染物排放种类、排放方式和排污量，以及排污后若造成地下水体污染应当如何追责治理等方面的规定，应当进行具体的明确。

在《水法》《中华人民共和国水污染防治法》（以下简称《水污染防治法》）中将地表水与地下水的管理和保护分别进行法律规定，并细化地下水资源的相关法律内容，如规定在地下水超采地区及时划定禁止开采或者限制的标准，发生超采后如何进行追责恢复以及后续监督管理措施；明确沿海地区开采地下水，应当采取防止地面沉降和海水入侵的措施标准等。可以借鉴英国的含水层划分制度，在《水法》中对地下水资源实行功能性水资源划分保护模式，将地下水资源划分为完全保护区、限制功能区和正常功能区。它们又有两种划分方式：一种是含水层划分模式；另一种是区域划分模式。

含水层划分模式，是指对每个行政区域的地下水资源系统划定含水层保护范围。完全保护区即地下水资源的中心区域，可在保证水量供给的基础上根据我国地下水现状规定出具体的面积范围，在该区域内不得进行任何地下水资源的开发利用活动、排污行为和废物垃圾填埋活动。限制功能区即在完全保护区范围的基础上进行适当的扩大，明确限制规定该区域内的取水总量和可钻水井的数量，防止过量开采；规定可以定期进行定量的无害垃圾废物填埋活动，并允许适量排污，前提是必须保证该区域内水量和水质维持在均衡状态，且垃圾填埋和排污后必须及时进行善后处理，预防存在潜在的风险危害。正常功能区即在限制功能区之外的所有地下水资源区域，在该区域内可以正常开展取水开采工程项目，正常进行排污活动和废物垃圾填埋活动；建立废物填埋许可制度，明确规定可以进行填埋的废物种类和化学物品种类等，将其应用于废物填埋活动，可预防废物垃圾填埋行为对地下水资源造成污染。

区域划分模式，即统计全国地下水资源现状，对各省市地下水资源实行区域划分模式。完全保护区即地下水超采和污染严重的区域，在该区域内仅进行地下水污染治理和修复补给工作，不得再开采地下水，不得进行任何开发建设工作，不能在该区域内进行排污和有毒有害物质排放填埋作业。限制功能区即地下水资源开采量较大，可以通过自身调节逐渐恢复的区域，在该区域内只允许发生紧急情况时定期取用地下水资源，当调节恢复后可向有关部门申请变更为正常功能区。正常功能区即地下水资源正常开采区，该区域划分的前提是地下水水质为一级，且水资源存储量较多，可满足各类用水需求，也可正常进行废物垃圾等填埋作业和排污活动。

第三，加快我国立法周期和法律修订周期。《地下水管理条例（征求意见稿）》自 2017 年公布以来，未再发布新的征求意见稿，我国较长的立法周期和修法周期致使地下水专项管理条例始终难以出台，相关法律法规也无法得到及时的修订。因此，必须适当动用环境法学界的人才资源和师资资源，加快立法进度和修法进度，对《地下水管理条例（征求意见稿）》内容进行补充完善，对现有的《水法》《水污染防治法》等法律法规和各地方现行地下水管理条例和管理办法进行修订更新，确保地下水资源得到与时俱进的法律的保障，能够适应随时变化的地下水动态水情，增强法律内容的实际适用性。

要对现有地下水资源保护相关法律内容进行及时的修订和修正，将分散于各个法律中且较为滞后的内容进行更新和归纳，以增强各法律法规之间的衔接性和实用性，推进地下水资源保护工作的法治化进程，加大对地下水资源的保护力度。

（二）完善地下水资源保护相关制度

目前，我国地下水资源超采现象和污染情况十分严峻，引发的地面沉降、海水倒灌、土地盐渍化等各类环境问题也十分严重，需要及时采取有效的措施加以控制和治理，为此必须尽快对我国现有法律内容中较为滞后的部分进行修正修订，积极健全地下水资源保护法律体系，为地下水资源提供与时俱进的法律依据和法律保障。我国现有的地下水相关法律内容分散在不同的法律规定之中，这些法规大多以整体水资源或其他与地下水相关联的自然资源为规范对象，在立法目的、层级效力、规制重点等方面都有所不同，法规内容上也缺少全面性、针对性、衔接性。

因此，可以适当借鉴其他国家相关法律的立法经验，对分散在不同法规中与地下水资源相关的法律内容进行补充完善，确立适用于地下水资源保护的具体原则、方针政策和管理模式，明确各责任主体的权利、义务，完善相关法律制度和追责机制等。

1. 健全生态损害赔偿制度

（1）明确界定生态损害赔偿权利义务主体范围

扩大地下水生态损害赔偿的权利主体范围，对《环境保护法》规定的可以提起环境公益诉讼的主体范围进行适当调整，扩大相关利益第三人的法律权限；对因地下水污染或超采而受到影响可以向政府或环保组织求助的主体进行明确，避免部分权利人受制于地方保护主义，确保主体利益得到保障。

对地下水生态损害赔偿义务主体进行界定：单独损害行为造成当地下水污染或超采，引发或没有引起其他环境问题时，由行为人负责治理恢复以及损害赔偿；当多个行为造成地下水污染或超采时，根据具体情形采取共同责任制，由造成损害结果的多个行为人共同负责治理恢复及损害赔偿。由于地下水污染和超采会对周边环境造成破坏，导致地面塌陷、海水倒灌、土地盐渍化等环境灾害，对公众生命财产安全也会有一定的损害，且地下水具有滞后性的特征，环境问题发生后难以及时察觉其是由地下水资源受到破坏所引起的，因此必须及时找到灾害源头，明确具体污染源，根据法律规定准确界定生态损害赔偿的权利义务主体，保障后续污染治理和损害赔偿等工作的顺利进行。

（2）完善地下水资源生态损害赔偿制度的具体细则

由于地下水污染或超采后治理恢复周期较长，难度较大，需要的人力、物力等也较多，因此必须针对不同情况合理规定治理的期限：对于深层地下水的恢复期限应当适当延长；根据损害行为的数量和第三人权益合理划定赔偿金分配的区间标准，对损害行为引起的其他生态环境问题是否需要行为人同时进行赔偿和治理以及相关划分标准也要进行细致的规定；规定在治理恢复过程中相关部门应当及时进行监督管理并按时验收治理效果，治理恢复后损害义务人须重新进行环评，并提交环境影响报告书，相关部门审核批准后在规定期间内告知义务人已完成治理工作。

（3）在相关部门下设地下水生态损害赔偿专项基金会，负责统筹管理损害赔偿金和治理金

对赔偿金的使用进行合理分配和及时的跟踪监管；对治理金的使用情况及剩余治理金的用途进行管控，保障地下水生态损害赔偿金能够充分发挥作用。同时可以允许环境保护部门在地下水资源发生紧急环境状况时，申请调用基金会中的剩余基金，适当用于应急处理。

除此之外，进行政府主导的地下水人工补给和水质修复等工作时也可以申请使用一定的数额的赔偿金。为防止贪污腐败的现象出现，国家监察委员会应当定期对基金会的工作进行监察，及时调取生态损害赔偿资金利用明细，防止贪污腐败现象滋生，保障国有资金得到合理的分配利用。

应健全我国地下水生态损害赔偿制度，通过法律明确界定损害赔偿权利人和义务人主体资格，细化损害赔偿的具体细则及后续的监管审核，对生态损害赔偿金进行有效利用，使赔偿金能够有效发挥作用，避免国有资金的浪费和流失，确保环境问题能够得到有效的治理恢复。

2. 丰富地下水取水许可制度

第一，适当扩大取水许可制度适用范围，将农村集体生活用水和农业畜牧业用水等纳入地下水取水许可制度适用范围内。我国许多农村地区目前仍使用地下水井进行取水，以此保证生产生活、农业灌溉和畜牧养殖等用水需求，部分地区农村每家每户都有单独的水井，全国地下水年开采总量实际较大，因此有必要将农村集体生活用水和畜牧养殖用水等地下用水纳入取水许可制度适用范围内。由于农户基数较大，为避免公共资源的浪费，可采取一村一证制，即每个乡村申请一个专门的地下水取水许可证，申请书上标明每年申请取水总量、地下水井的数量、水井的区域等具体标准。申请上报后，相关部门通过科学统计当地地下水资源现状并进行实际走访调查后，对申请报告书是否合格予以审批，符合条件的正式颁发取水许可证，不符合条件的予以驳回并告知原因，允许其在限期内进行修改并二次提交。向村民公布普及许可证的失效情形，帮助村民了解法律常识，以便更好地利用和保护地下水资源。

第二，根据地下水资源的特性设置专门的地下水取水许可程序和审批条件，并明确将环境影响评价制度纳入取水许可申请程序中。环境影响评价制度作为我国环境保护的一项重要制度，广泛应用于各个环境建设工程项目中。由于地下水埋藏于地表之下，一旦进行钻井开采，对地表上的自然资源和周边生态环境都可能造成影响。除此之外，如果在不知情的情况下对土地已经存在污染的地方进行地下水资源钻井开采，还可能会对地下水造成二次污染。

因此，有必要将环境影响评价报告书明确列入取水申请所需要提交的文件列表中，保障取用地下水资源时不会对周边环境及地下水自身造成污染和破坏。应制定专门的地下取水井管理办法，对地下取水井的建设标准、建设过程、水井深度、可打井的区域等进行严格的规定，同时要求挖掘地下水井前必须提交保证书，确保该水井不会过量开采且不会对周边造成污染，保证书中要附带涉及第三方权利人的声明，以防止地下水井的设置影响第三方权利人的权利，同时降低对地下水水质和周边环境所造成的影响。

第三，丰富取水许可证的种类。我国现存取水许可证的形式较单一，也没有专门的地下水取水许可证，地下水资源难以得到合理的开采和利用，还容易引发各类地质灾害。为此可根据地下水资源的特性和取用方式，借鉴美国和英国设置取水许可证的经验，将我国地下水取水许可证分为普通地下水取水许可证和深层地下水取水许可证，并设立证明水权许可证作为二者的前置许可。在钻井开采地下水前必须先获得证明水权许可证，防止取用地下水时影响他人的地下水权益以及交叉取用导致过度开采的情况发生。取得证明水权许可证后，方可根据自己取水的需求和情况进行取水许可证申请。

普通地下水取水许可证即正常持续开采浅层地下水所需要的许可证，根据全国不同地区地下水资源总量、开采量、补给量等数据，可分区域设置取水申请标准，并允许各地根据本地区水量现状进行小幅度的调整，其中将在农村所采取的一村一证的取水许可证也纳入普通取水许可证的范围内。深层地下水取水许可证则是专门针对可取用深层地下水的省份设立的，申请审批的条件应当设置得较为严格，审批程序也较为完整，并严格限制可取水量和可申请的地区。

除此之外，还可设立地下水资源调配许可证，规定允许调配的地下水资源地区及调配量、调配水质标准等条件。当地下水超采地区水量供给不足时或水资源匮乏区域难以维持供水时，拥有地下水权调配许可证的权利人可及时进行水资源的调配；规定各地政府可以在职权范围内持该调配许可证进行定量的地下水资源调配，保障所辖区域的正常供水等。但未持有水资源调配许可证，仅有取水许可证的权利人无权对所开采的地下水资源进行调配使用。

应对我国地下水取水许可制度进行完善，扩大取水许可证的适用范围，丰富取水许可证的种类，有助于地下水资源得到最大化的合理分配，有利于保障地下水限采和超采区域水资源的供应量，维护自然资源的可持续利用。

3. 加强公众参与制度的实践性

（1）细化各法律中有关地下水资源保护公众激励机制的内容

在《水法》中明确规定人民政府对于在开发、利用、节约、保护、管理水资源，防治水害，污染治理等方面成绩显著的单位和个人所应当给予的具体奖励内容；《水污染防治法》中明确规定了公众有效检举污染损害行为后所应当给予的奖励内容，可以设定不同的奖励标准和奖励手段，通过资金奖励或颁发功勋奖章等方式激发公众参与的积极性。国家适当出台相关政策进行激励和扶持，可以对自愿投身于地下水资源研究领域的人才提供资金和教育资源支持，对做出优秀研究成果的人员和单位给予一定的褒奖和政策上的优待。

在地下水污染防治方面，可以借鉴英国实施的“良好农业实践原则”，与我国相关政策相结合后在农村进行推广，鼓励农民合理使用以及减少使用农药和化肥，对于愿意更改农作物种植方式的农户单独进行一定的财政补贴，并免费提供政府咨询服务，帮助农户及时了解国家现行的良好政策和法律制度，以此保障农民的权益，有效防治农村面源污染，保护地下水资源。

（2）完善我国地下水资源公众监督机制

通过法律规定相关部门必须定期按时公开发布地下水资源的各类数据信息，如超采区和限采区的划定情况、取水许可证的颁发情况、各省市企事业单位排污标准和排污情况、当地地下水资源剩余可开采量等，明确规定公众有权向政府申请获取的信息类型，保障公众知情权得到有效落实。在各地政府网站及部门网站上公布有效的监督渠道、监督电话、举报方式，规定相关部门收到举报后必须在一定时间内给予反馈并进行调查处理，确保公众举报得到有效受理。

各行政机关必须公开公正执法，可以利用先进的电子设备进行执法记录存档并适量上传到网站上，同时明确规定公众可以申请执法过程披露的必要情况，如公众发现举报的地下水污染区域没有得到治理、举报的地下水超采没有得到及时的限制管控等，以此让公众充分了解行政部门的执法程序和执法力度，增加执法透明度，以便于公众进行及时的监督，确保公民监督权的行使，有效贯彻落实公众参与制度。

（3）扩大宣传渠道，增强宣传力度，丰富宣传手段

在生态环境部宣传教育司的辅助下，聘请专业人员和行政人员一起定期代

表政府开展地下水资源保护普法教育工作，如在各省市中小学和高校开设专业知识普及讲座。可借鉴荷兰的经验，与环境保护团体进行合作，可以适当给予资金补贴或政策优待。在各街道设立宣传点和便民咨询服务点，向公众普及地下水资源保护的重要性，帮助公众了解国家现有的扶持政策以及奖励措施等，提高公众的重视程度，激发公众的参与热情，保障公众参与制度在现实中得以实施。

加强我国公众参与激励机制和监督机制的实际操作性，提高公众的环境保护意识，鼓励国民参与环境保护工作，既有利于绿色生态型社会的实现，也能够有效推进地下水资源保护进程，地下水资源保护的效果也将更为显著。

（三）完善我国地下水超采治理法律制度

1. 我国地下水超采治理立法的完善

我国在地下水超采治理过程中，面临着国家层面专门立法缺失、立法理念滞后、法律责任机制不完善等问题。为此，应加快“地下水管理条例”的立法进程，引入风险规制理念，明确“综合治理”原则，明确主体法律责任，以此推动我国地下水超采治理制度更加完善。

（1）加快“地下水管理条例”立法进程

1984年12月在北京召开了《中华人民共和国地下水资源管理条例》讨论会，标志着我国对地下水开始从法律层面进行专门研究，2008年2月《地下水资源管理条例》纳入水利部立法工作计划，作为重点调研、论证和组织起草项目。2009年1月《地下水资源管理条例》再次进入水利部立法工作计划。2017年5月，水利部公布《地下水管理条例（征求意见稿）》。2018年3月，国务院将“地下水管理条例”列入立法工作计划。水利部《2019年水利政策法规工作要点》文件指出要做好“地下水管理条例”的审查修改工作。2019年5月国务院公布立法计划，再次将“地下水管理条例”列入拟制定、修订的行政法规中。

目前，“地下水管理条例”处于征求各方意见、起草完善阶段。接下来还需要形成送审稿进行审查，由提案机关讨论形成法律案，然后进行法律案的审议、表决，最后进行公布。未来，应该从以下几方面加快立法进程。

首先，应该高度重视，将“地下水管理条例”列入重要工作日程。“地下水管理条例”是地下水超采治理的法律保障，是治理地下水环境问题的主要依据，需要把该项目作为长远大事列入重要议事日程，为全面开展我国地下水超采治理工作创造条件。

其次，加强“地下水管理条例”立法项目的组织领导工作。一是各具体单位要成立工作小组，明确负责人、责任人和联络人，切实推进工作开展。二是按要求制订工作方案，明确计划进度。三是在充分调查研究的基础上，开展项目论证工作和送审准备工作。

最后，加大宣传力度。“地下水管理条例”立法应引起全社会关注。在目前还没有实质审议的情况下，应做好基础工作，加强调查研究和宣传力度，为国务院审议做好准备工作。

另外，我国在制定“地下水管理条例”时，应注意以下几点：第一，“地下水管理条例”应针对地下水超采存在的各类问题，制定全面的法律规范；第二，具体条文应该具有可操作性，即法律条文要尽量做到明确具体，在进行原则性规定的同时予以细化和解释，或出台相应的实施细则与考核细则来进行补充；第三，在相对薄弱的制度内容上，借鉴域外经验进行补强。

（2）引入风险规制理念

就地下水超采治理法律制度而言，引入风险规制理念有助于对地下水实施更有效率的管理，应注重以下几方面。

首先，在立法目的规定上，加入防范地下水环境风险的内容。2016 年《全国生态保护“十三五”规划纲要》明确要求，加强生态文明制度建设，建立健全生态风险防控体系，提升突发生态环境事件应对能力，保障国家生态安全。“地下水管理条例”也应将防范地下水环境风险作为法规目的，保障地下水安全，促进地下水资源永续利用。

其次，在基本原则上，确立风险预防原则。风险预防原则有别于预防为主原则，风险预防原则是对不确定性后果采取措施的政策考量，而预防为主原则主要针对事前的污染防治。现在，《地下水管理条例（征求意见稿）》中已经规定了统筹规划原则、保护优先原则、高效利用原则等，但并没有规定风险预防原则，而在地下水保护过程中需要进行水源置换等技术活动，应当对其进行风险评估和管理，所以，在未来“地下水管理条例”定稿中应将风险预防原则纳入其中，并确立为基本原则。

最后，应基于风险规制理念健全地下水环境标准体系，对此可借鉴欧盟的做法。2006 年，欧盟规定成员国在地下水污染排放物标准中应该拟定阈值。也就是说，由强制性标准向风险管控标准转变。在未来，我国需要基于风险规制理念重新设定相关地下水标准，使其更富弹性，以安全利用为目的，实现分级分类管理。

（3）明确“综合治理”原则

“综合治理”原则是域外地下水法律制度的基本原则，贯穿于法律体系之中，是地下水超采治理的核心原则。一方面，已经有大量域外立法确立其为基本原则。另一方面，“综合治理”原则已经融入地下水超采治理的各项内容当中。

我国《环境保护法》已经将“保护优先、预防为主、综合治理”原则作为基本原则，并且已经有地方对地下水立法采用了“综合治理”原则并将其作为主要原则。在国家层面的地下水立法上，也应该明确“综合治理”原则，即从单一环境要素规制到多要素综合规制，形成预防、管制、修复并重的地下水超采治理机制，推动形成各阶段全覆盖的环境标准体系。

首先，从单一要素规制到多要素多层面综合规制。由于我国环境法制体系内部存在结构失衡，导致污染防治和资源保护分开规制，水质和水量分别管理，农村和城市地下水治理重视程度不一。为了改变这种局面，需要更加注重综合治理，表现在地下水超采治理方面就是需要融合地表水、地下水、土壤、大气等多要素进行共同治理，将水质和水量考核结合，促进环境保护和经济社会发展协调。

其次，形成预防、管制、修复并重的地下水超采治理机制。从治理过程看，预防、管制、修复是地下水超采治理的基本流程。除了应坚持预防为主原则，强调事前预防、减少污染发生以外，也需要注重地下水的保护、管理和修复，特别是地下水修复。生态修复关涉复杂的责任主体确认、修复费用分摊等问题，一直以来是地下水管理中的短板。坚持“综合治理”原则就要强调事前预防、事中管制、事后修复的全过程管理，形成预防管制修复并重的治理机制，从而更好地保护地下水资源。

最后，构建全面覆盖的环境标准体系。目前，我国地下水超采治理的技术规范导则主要有《地下水超采区评价导则》（GB/T 34968—2017）等。这些标准并没有涵盖调查、甄别、评估、修复等各个环节，因此，需要根据综合治理原则进一步完善。

2. 我国地下水超采治理法律制度内容的完善

地下水超采治理涉及划定超采区、水源置换、地下水回补等诸多内容。未来应对这些制度内容做出进一步的完善，包括完善超采区划定规定、对水源置换进行风险管理、明确地下水回补规定以及完善地下水超采的法律责任等，使地下水超采治理制度更加完善，以更好地发挥制度效能。

（1）完善超采区划定规定

首先，统一划定超采区标准。对地下水超采区的划定应该注重吸收现有的技术标准。第一，应参考相关标准，包括《地下水超采区评价导则》《全国水资源保护规划技术大纲（地下水部分）》等。因为水行政主管部门具有技术优势和信息优势，其标准能获得普遍认可。第二，应参考《土壤污染防治法》规定的土壤污染风险管控标准，从基于环境质量的标准向基于风险管理的标准转换。第三，可借鉴吸收欧盟相关标准，考察水质、水量。

基于此，《地下水管理条例（征求意见稿）》规定：国务院水行政主管部门根据现有标准结合地下水状况调查评价结果制定国家地下水超采区划定标准，加强地下水超采治理标准体系建设；制定国家地下水超采区划定标准，并明确规定国家地下水超采区划定标准具有强制性；国家地下水超采区划定标准应当进行定期评估；国家地下水超采区划定标准应在网站上公布，供公众免费查阅、下载。

其次，明确划定禁采区和限采区主体。《地下水管理条例（征求意见稿）》明确规定了禁采区和限采区的划定主体为水行政主管部门，但在实际划定过程中，需要频繁接触生态环境行政主管部门和自然资源主管部门。所以，应该修改为"由水行政主管部门联合生态环境行政主管部门和自然资源行政主管部门共同划定禁采区和限采区"。

（2）明确地下水回补规定

域外国家和地区通过专门立法对地下水回补做出了详细规定。这些规定包括地下水回补初始阶段的环境影响评价，也包括地下水回补实施过程中的许可证制度以及公众参与制度等。

未来，对《地下水管理条例（征求意见稿）》应该从三个方面进一步完善。首先，引入公众参与机制，增加公众参与方式，如公众咨询会、研讨会；引入社会监督，如设立地下水委员会、设立地下水监督员等。其次，地下水回补环境评价工作要在地下水回补工程之前展开。最后，设置地下水回补许可管理。目前，我国水资源许可主要包括取水许可、排污许可等，对于地下水回补的许可仍然是空白的，未来在这方面应该进一步加强。

（3）对水源置换进行风险管理

《地下水管理条例（征求意见稿）》第四十一条对水源置换进行了规定，即"县级以上地方人民政府应当加强地表水置换地下水的输配水工程设施建设，建立多种水源联合调度机制，优化配置外调水、本地水和非常规水源，维持地下水采补平衡"。这一规定并未充分考虑风险管理要求，未实施风险调查、风险评估、风险管理、风险沟通。

因此，《地下水管理条例（征求意见稿）》第四十一条应该做如下修改：首先，明确规定"水源置换前必须进行地下水水源置换的风险评价"；其次，明确规定深层地下水不能用于普通开发，严格限制开采，其仅能作为饮用水源、战略储备或者应急水源；最后，对于地下水水源置换，通过不同的方式进行置换应该互相协调，若有条件，应该设置联合调度中心，专门对调入水、本地地表水和非常规水等进行合理配置。

（4）完善地下水超采的法律责任

首先，明确“教育与惩戒并重”原则。目前，我国地方立法中已经有“教育与惩戒并重”原则的体现。例如，《河南省城市地下水资源管理暂行办法》第十六条规定，“对执行本办法在计划用水、节约用水、保护地下水资源方面取得显著成绩的单位和个人，由城市建设部门报市（县）人民政府给予奖励或表彰”。在未来，《地下水管理条例（征求意见稿）》应该吸收地方立法经验，不仅通过罚款、停止使用行为、限期改正和恢复原状等手段进行地下水超采治理，还应该结合奖励以及教育等方式，在惩戒的同时引导公众增加保护意识。

其次，加强惩处力度，形成威慑。《地下水管理条例（征求意见稿）》对于地下水超采的惩处力度仍然不够。其规定污染地下水，最重的处罚为消除污染并处五万元以上五十万元以下的罚金；较轻的则只需要处一万元以上五万元以下的罚金。这样的规定威慑性不足，应加大惩处力度。

四、评价视角：规范地下水环境影响评价机制

（一）提升地下水环境影响评价能力

结合目前中国地下水环境影响评价工作开展状况进行深入分析，可以看出一些地区在地下水环境影响评价工作中还存在一些问题，这些问题的存在给地下水环境带来了非常严重的影响。针对这种情况，相关的地下水环境影响评价部门，应该有针对性地采取解决措施。

例如，当发现地下水环境影响评价工作中存在违规接纳或者不法业务等问题时，需要执法部门以及管理监督部门共同加强对相应资质的管理工作，参照相应的法律制度规定，按照监督管理原则中的相关要求进行处罚，保证地下水环境影响评价工作的开展具有科学性和合理性，从而为地下水环境影响评价工作的开展奠定良好的基础。

另外，在地下水环境影响评价工作中，评价人员在其中起到了非常重要的执行作用，其自身水平与最终的影响评价结果有着非常密切的联系。因此，应该采取措施不断提高评价人员自身的专业性以及评价能力，如开展严格的培训工作，通过学习使评价人员全面掌握相应的专业知识和方法等，从而不断提升

评价人员综合素质。只有这样，才能保证评价人员在工作中可以全面落实自身职责，在最大限度上提升地下水环境影响评价能力。

（二）提升地下水环境影响评价工作质量

在目前的地下水环境影响评价工作中，应该先深入分析其中存在的问题，并在此基础上构建完善的地下水环境影响评价法律制度与规定，规范地下水环境影响评价工作。同时，相关的地下水环境管理部门应该将自身的职责作用充分发挥出来，严格监督与管理整个地下水环境影响评价工作，根据实际情况优化和完善现有的奖惩机制，从而激励更多的人参与到地下水资源影响评价监督工作中来，保证水环境监测质量可以受到社会的监督。

（三）明确地下水环境影响评价工作规范

应结合相关地下水环境影响评价技术规范，对地下水环境影响评价实施流程和操作注意事项做出明确标注，这将在整个地下水环境影响评价工作中起到非常重要的指导与参考作用。因此，为了保证地下水环境影响评价工作可以顺利开展，应该全面了解指导性文件中的相关内容，在此基础上明确地下水环境影响评价操作流程和注意事项等，从而合理安排地下水环境影响评价工作流程，保证地下水环境影响评价工作可以顺利开展，并且有效提升最终评价结果的有效性和合理性。

第九章　矿井水文地质的分析与应用

我国作为矿井开采大国，保证矿井开采的安全性、稳定性就显得极其重要。然而，我国矿井开采的水文地质特征相对复杂，严重影响着矿井开采的安全维护工作，由水文地质原因所引发的水害，严重浪费了人力资源、物力资源、财力资源等。本章分为矿井水害分析和矿井水害防治两部分，主要包括矿井水相关概念、地下水对矿井充水的影响、矿井水害防治原则等方面的内容。

第一节　矿井水害分析

一、矿井水相关概念

在对矿井进行挖掘或者修复时，会因为各种情况导致矿洞内积水，如渗透、流入等，这些积水叫作矿井水。

在煤炭矿井的开采过程中如果产生大量废水而不处理，可能会对矿井工作人员产生威胁，或者对环境造成污染。我国部分地区的矿井建设中存在缺水情况，如西北地区土地干涸的地方水流量非常的少，如果这时矿井中的废水排出会对当地的水资源造成严重损害。有部分地区原本生态资源非常好，水资源充足，因为大力发展煤炭资源而不注意环境保护，最终导致河道下游的水源变黑，对生态环境造成极大的损害。所以管理好煤炭废水，做好水循环绿色生态建设是非常重要的。

据统计，在矿井水害的事故统计中，地下水害占六成以上，老空水害占三成以上，其他性质的水害分别占有不同比例，所以这两种类型的水害是特别需要注意的。

二、地下水对矿井充水的影响

（一）各类含水层对矿井充水的影响

矿井含水层不同，也会导致水害发生。不同含水层水源引发的水害与水源所存在空间的差别有关，也与煤层存在的位置有关系。

孔隙含水层：这个水层会受到内部积水和其他水源的影响，如果对孔隙含水层直接充水，可能引起井壁破裂，对浅壁煤层的开采工作有一定的影响。

裂隙含水层：如果在开采过程中没有其他水源的补给，裂隙含水层中的水量会衰减得非常快。

薄层灰岩含水层：除井巷直接揭露外，采动裂隙、断层等集中导水通道都可能将水源导入薄层灰岩含水层。当其和其他水源无联系时，防治难度相对较小；当其与其他水源有联系时，常形成重大水害，防治难度较大。

厚层灰岩含水层：掘进和回采时均受到岩溶水的威胁，充水时往往来势凶猛，并伴有突泥突砂现象，有时涌水通道与地表岩溶塌陷相同，使河水倒灌，有些通过地下暗河的落水洞进入矿井，水量受季节降水量大小影响。

（二）地表水对矿井充水的影响

地表水是指地面上的水，如江海中的水或者池塘等地中的水。

如果地表水域下方土质松软，就会导致渗水，其有很大概率进入矿井中。如果渗水导致矿井顶板脱落，会使矿井上层塌陷造成灾难。

地表充水的程度根据每个矿井的不同情况而定，如果矿井距离地表较远，厚度大，结构紧密，那么是不容易渗水的；反之则可能渗水严重。如果渗水影响到断裂带，就会造成非常严重的渗水事故。

（三）大气降水对矿井充水的影响

相对而言大气降水对矿井充水的影响比较小。大气降水只会通过露天的煤矿进入矿井中，大多数矿井会受到降水之后渗水的影响。

大气降水很少对矿井造成较大的损害，因为大部分降水是通过顶部渗透进入矿井的，只要做好防治，不会造成特别大的影响。但如果暴雨能够淹没井口较低的矿井，那么大量积水涌入会造成洞口塌陷，形成灾难。

（四）老空水对矿井充水的影响

①多为突然发生，发生时瞬时水量大，有强大的破坏力，在水量大、水压高、工作面位置低时常造成伤亡事故，是矿井水害中造成伤亡事故最多的水害。

②老空水引发的水害多以静水量为主，一般水害发生后，水量衰减快，水压亦随之快速下降，不会造成特大淹井事故，但伤亡事故居高不下，是矿井防治水的重中之重。

③老空水一般呈酸性，对排水设备和矿山机械具有腐蚀性。

④水害发生的同时还伴有 H_2S 和 CH_4 气体溢出。

三、矿井水害概述

矿井水害的危害很大，主要表现在以下几方面。

①矿井内如果长时间积水会影响周围的环境，导致矿洞内空气潮湿，影响工作者的身体健康。

②在矿井开采过程中会投入大量的时间、资金等成本，如果矿井内发生水害，那么就需要额外花费时间和资金进行修复工作，因而拖延了工作进度，增加了成本。

③矿井内的器械等用品，为了保证其坚固安全，多为金属材质，但是矿井水的含量过多，会对器械造成损害，使工人工作受到影响。

④为避免矿井内积水危害，通常会安置煤柱，这样一来会影响到资源的回收和利用，甚至有些通道会影响开采。

⑤矿井内如果突然发生严重的透水事故，伴随涌出的不单单是水，还有一起泄漏的瓦斯和其他有害气体，非常容易导致工人窒息中毒，或者引发爆炸事故。

⑥如果在探水过程中操作不当，可能会涌出大量的水。一旦无法将这些积水排出矿井，很可能导致矿井坍塌，造成更大的影响。

（一）矿井水害发生的条件

1. 有水源

水源主要有大气降水、地表水和地下水。大气降水包括降雨和降雪；地表水包括矿井附近的河流湖泊、沼泽、池塘、水库、塌陷区积水等；地下水包括井下含水层水、老空水、含水断层水、陷落柱水等。它们都是导致矿井水害的水源。

2. 有透水通道

透水通道主要有井筒、巷道、塌陷坑、开采沉陷裂隙、断层裂隙、废旧钻孔等。这些透水通道与水源相通，就构成了矿井充水，轻者增加了排水费用，重者造成淹井灾害。

3. 失控

失控是指对矿井充水水源和透水通道的管理达不到预定的要求，导致淹井停产甚至人员伤亡等情况的发生。

（二）矿井开采过程水害产生原因

1. 山体压力影响

在矿井的开采过程中会在底板下设置导水层，而导水层极易受到其他外界因素的影响，如山体的压力。如果开采过程中的导水层没有充分发挥作用，会影响整个山体受到的压力，那么岩层中最薄弱的部分就会损坏，形成断裂部分，进而引发水害。

2. 钻孔不合理

在矿井的开采过程中，会开出一条竖直方向的通道，这个通道的主要功能就是用来疏导多余的水的。如果这条通道在开采过程中操作不当，有很大概率引发水害。围绕在矿井周围的岩石层之间会有一定的联系，所以如果因为中间某一层较为薄弱，发生水害之后很快会影响到其他的岩层，很可能引发更大的灾难。

3. 矿井开采选址不科学

针对现阶段国内大多数矿井开采企业来说，一定要在矿井开采前做好充分的准备，如果缺乏这方面的安全意识，很可能会引发严重的安全事故。除此之外，一些矿井企业甚至缺乏实地勘察调研，在实际开采过程中使人们的生命安全与财产安全受到威胁，也会影响矿井开采工作的进度。

4. 矿区地表水处理不当

对于矿井开采工作来说，地下水本身就存在一定的危险性与威胁性，如果超过规定的安全水位线，将直接降低矿区工作的安全性，造成无法挽回的经济损失。因此，矿区在开展矿井开采工作时，要对地下水位加强勘察，特别是对一些降水量相对丰富的地区与时节，要合理制订地下水勘探计划，及时排除矿井下存在的地下水，保证地下矿井的安全开采。

5. 矿井开采忽略了相关预测与勘察

对矿井的具体位置、分布以及地质特点等不能做到全面了解，也很可能引发矿井水害。在矿井开采之前没有对其位置、分布以及地质条件等进行准确预测与科学分析，就会造成相关勘察数据信息缺失，从而使得勘察信息出现误差。与此同时，若是不能准确掌握矿井水源、水量与透水通道等信息，也可能会引发严重的矿井水害。

从本质上分析，含水层的水源与水量直接关系着矿井水害的严重程度，而且含水层水源的补给和排放具有独特的规律性和地域性，所以有关技术人员必须全面调查与分析矿井地区的含水层实际情况。矿井专业技术人员需要根据规定要求严格进行勘察工作，以确保勘察结果的真实性、精准性以及有效性。

然而纵观矿井开采勘察工作实际情况，大部分矿井施工单位并没有高度重视矿井地区水文地质等的勘测，而且采用的勘测技术比较落后，整体水平一般，基本无法满足矿井实际开采标准要求，从而造成施工单位难以全面、准确了解矿井地下水情况，使得矿井水害发生概率增大，进一步加剧了矿井开采水害问题。

（三）影响矿井渗水量的因素

1. 充水岩层的出露条件和接受补给条件

充水岩层的出露条件，包括它的出露面积和出露的地形条件。前者受外界补给水量范围的影响，显然，出露面积越大，则吸收降水和地表水的渗入量就越多，反之则越少；后者指出露的位置、地形的坡度及形态等，它关系到补给水源的类型和补给渗入条件。

2. 地质构造条件

矿井周围的地质条件也需要重视，如果出现断裂或者褶皱，很可能会形成一个小型的储水区。矿井周围地质结构不同，矿井的充水强度也不同。

3. 其他因素

①影响矿井渗水的关键因素是矿井开采时顶部的隔水条件，如果临近隔水层，那么渗水量会很少；如过临近积水区，那么渗水量会明显变多。

②除隔水条件之外，矿井顶部隔水层的隔水能力也是决定因素。如果临近积水区，但是顶部隔水层面积大，厚度大，或者整体比较完整没有裂缝，那么矿井的渗水量也会较小。

第二节　矿井水害防治

一、矿井水害防治原则

矿井水害必须引起重视，所以防治工作应当流程化、体系化，其中更是要遵守一些原则以便使防治工作能够顺利进行。

①对于矿井水害应该做到准确预测并能够实现实时通报，在开采工作中不管是企业还是一线工作者都应该树立起严格的安全意识，严格选材施工，在技

术方面要持续跟进，确保在灾难来临之前可以预防。

②要强调安全意识，在施工中出现任何问题都要做到严谨对待，这是对所有人负责也是对自身负责。

③在矿井开采之前要做好勘探工作，对可能发生的问题以及应对措施做好充分的准备。

④在矿山开采中，要做好预防工作。

⑤所有涉及矿井开采工作的企业以及单位，都应该根据自己较多出现的水害情况，做好工作人员的安全意识引导，配备专业应对水害的技术人员以及在救援过程中需要用到的设备和工作团队。

⑥专业的防治部门建立完成后，也应当建立起完善的制度进行管理。

二、矿井水害预防技术

（一）设置防水煤岩柱技术

矿井灾害中最严重的是水害，要针对这项灾害提前预防，把灾害扼杀在摇篮里。开采前的预防工作非常重要，需要勘探人员提前测量好水区与即将开采区域的位置，以及它们之间的距离，留出空间去放置一个可以支撑的结构，叫煤岩柱。这项技术可以提前把开采的区域隔开，可以预防一定程度的水害。所以煤岩柱的放置非常重要，这也就要求煤岩柱的工程质量达到一定标准，如果质量不过关可能会造成二次灾害。在矿井设置煤岩柱时其高度应不小于 2 m，这样才能起到一定的作用。

（二）超前探放水技术

提前预防布局结束后，也需要在开采中准备一些手段。在临近水区开采时，需要采用超前探放水技术，即对一些部位钻孔探水，通过导出来的水去判断水区的情况，以确定是否适合挖掘。有时也会出现一些突发情况，如受压力影响的改道、异位等，此时也可以使用探放水技术。

（三）使用防水闸门与防水闸墙技术

除前两个技术之外，还有一些防水技术，如防水闸门与防水闸墙技术。如果能够合理地应用它们也可以很好地预防矿井水害，防止水流到矿道中对工作人员造成伤害。

（四）追排水技术

除大面积流水情况外，矿井中还经常会出现渗水的情况，导致矿道地面积水，影响工作甚至会威胁到工作人员的生命安全。对于此类现象可以使用追排水技术。这项技术是利用方便移动的抽水水泵通过管道连接对矿洞内多余的水进行抽取的一种方法。

三、矿井水害防治的具体措施

（一）前期水害预防

1. 充实矿井水文地质基础资料

矿井水害防治首先要做的就是资料的准备，应该针对矿井开采着手准备数据库，通过企业与单位之间互通有无，快速充实资料方面的缺失。对于需要充实的资料要分出类别，根据不同的种类完善不同方面的资料。

首先，根据不同特征对矿井地质的判断，如根据开采矿物的颜色、重量、成分、碎屑以及开采出来的状态，通过观察完成对矿井地质的及时判断或者通过仪器检测完成对矿井地质的精密判断。完善资料的相关人员应该在一线及时记录以保证资料的完整度。

其次，开采中由于不同岩层的压力以及不同的环境，开采出来的同一种类的物质也会有细微的变化，资料完善中也应该包含此类内容。

最后，在开采结束后，应当对整个开采工作做出总结，包括完善资料、在开采中遇到的相关问题、解决措施等，或者遇到一些无法避免的水害如何将其损失降到最小。总之，充实水文地质资料是非常重要的。

2. 采取积极探水措施，落实综合治理措施

在面对资源整合这一类综合性治理措施时，要全面预防可能发生的问题，如在矿洞内发现积水后，要测量出积水的深度以及范围，在积水周围划出警戒线，并找出积水原因，及时探查接下来的挖掘路线是否有大面积积水的可能，根据勘察的范围进行划线，继续挖掘一定要在安全无误的路线中进行。应合理应用煤岩柱以减小空间积水的可能性，对已经出现的裂缝和断层要及时进行修补。在钻孔排水的过程中，除了需要注意大面积积水的情况外，还要注意老空区是否有气体泄漏，及时检测泄漏的气体是否有毒、是否可燃或者可能发生爆炸。在日常开采工作中，要时刻注意安全通道的完整性，要保证在发生意外时，工作人员可以及时撤出。

3. 配备防治水专业技术人员

矿井资源整合工作刻不容缓，但这项工作对技术人员的专业要求很高，所

以要提高矿井工作者的整体素质，其中也包括提高其安全意识。要提高矿井工作者的整体素质，那么在选择工作人员时就不能敷衍，要对每一名员工的专业素质进行考核，如在矿井中的防治意识和防治技术等可以作为考核项目，只有提高了他们的素质，增强了他们对生命的敬畏之情，才能有效降低灾害到来时的人员伤亡。

（二）加强地表水的防治

地表水主要是由雨水下渗、洪水积攒等堆积而成的，对矿井开采地区的地下水要注重排水处理，预防暴雨积水流到井下。同时，要完善雨季三防工作，对矿井地表加强定期检查，如检查是否存在裂隙，一旦发现要及时填补压实，避免地表水渗透到井下，引发一些安全事故。同时，对矿井内地面废弃井筒，要利用密封或者填充技术处理，避免因大气降水导致矿坑出现。一旦遭遇洪水灾害或者暴雨天气，要加强巡查，如果遇到特殊情况应该及时撤出井下作业人员。

（三）加强老空水的防治

矿井中会有一些区域特别空旷，一旦遇到雨水季节地表水就会增加，使得老空水量不断增加，因此治理老空水的问题应该从积水量、积水范围、探水深度等问题出发，尽量保证开采不会受到老空水的影响。

严格控制老空水的水害防治工作，主要兼顾教育与管理两方面，具体操作措施如下。

第一，对员工进行基础知识培训，保证员工能够准确识别矿区水征兆，对矿区出现发潮、疏松、变软等现象要高度警惕，如果出现积水流出发臭的现象就要检查老空区是否存在问题。

第二，划定探水警戒线。对于一些探明的积水区，在采掘工程开展进程中，应该提前规划好积水仓，并且准备好排水设备，完善相关方案以后，按照提前做好的规划进行探放水，排除积水后再进行开矿工作。

第三，在老空区进行挖掘时，要划定积水范围。一定要秉承着“先探后掘”的原则，对于一些可能存在地下水层的区域，要利用钻探方法加以验证。

（四）加强对顶底板水的防治

在矿区开采过程中，会经常遇到顶底板淋水的问题，虽然当时对采矿影响较小，但是如果不加以改进将使淋水量持续增加，因此应该对煤层顶底板的含水层进行疏放钻孔，以便于提前做好排水工作。为了保证顶底板隔水层的完好性，要先对顶底板隔水层的薄弱区采取不同的探测手段，仔细查清其富水性，并加强疏水降压工作；对于一些局部构造复杂的危险地段，则应结合实际情况开展疏水降压工作，以防止顶底板突水发生。

（五）加强断层水的防治

对于矿井开采工程，在实际的掘进工作中，要先利用物探的方式检查采矿工程中是否存在地质异常的情况，并通过打超前孔来加以验证。为了有效控制断层水，应将超前距离控制在 30 m 以内。在确定断层以后，要按照实际落差、水压等因素对断水层进行注浆加固处理，保证矿区正常开采，排除各种水害因素影响。

（六）水害灾后救助

1. 撤离灾区

井下发生透水事故，如果涌水来势凶猛，现场无法抢救，或者将危及人员安全时，井下职工应迅速组织起来，沿着规定的避灾路线和安全通道，撤退到上部或地面。在行动中，应注意下列事项。

①撤离前，应设法将撤退的行动路线和目的地告知矿井领导。

②在条件允许的情况下，应迅速撤往突水地点以上的地方，不得进入突水点附近及下方的独头巷道。

③在行进过程中，应靠近巷道一侧，抓牢支架或其他固定物体，尽量避开压力水头和泄水主流，并注意防止被水中滚动的矿石和木料撞伤。

④如因突水后破坏了巷道中的照明和指路牌，迷失了行进方向时，遇险人员应朝着有风流通过的上山巷道方向撤退。

⑤在撤退沿途和所经过的巷道交叉口，应留设指示行进方向的明显标志，以提示救护人员注意。

⑥撤退巷道如是竖井，人员需从梯子间上下时，应保持好次序，禁止慌乱和争抢。在行进过程中，手要抓牢，脚要蹬稳，时刻注意自己和他人的安全。

⑦在撤退过程中，如因冒顶或积水造成巷道堵塞，可寻找其他安全通道撤出。在唯一的出口被封堵无法撤退时，应组织好灾区避灾，等待救护人员的营救，严禁盲目潜水等冒险行为。

2. 自救互救

井下发生突水事故，破坏了巷道中的照明和避灾路线上的指示牌，人员一旦迷失方向必须朝着有风流通过的上山巷道方向撤退。这些上山巷道能通达地面，切勿进入独头巷道和下山巷道，万一被堵在其他巷道内，应做到以下几点。

①在巷道内或硐室口放上衣服、工具作为明显标志，以便救护队员早日发现，前来营救。迫不得已时，可爬上巷道高冒区待救。

②在避灾期间，除轮流担任岗哨观察水情的人员外，其余人员均应静卧，尽量减少体力消耗，延长生命的时间。

③硐室内只留一盏灯（开一会短时照明），将其余灯关闭，以延长照明时间。

④间断地敲击管路，发出呼救信号，观察水位上下变化情况。

⑤被困期间断绝食物后，在饥饿难忍的情况下，不嚼食杂物充饥。需要饮用井下水时，应选择适宜的水源，并用纱布或衣服过滤。

⑥要听从指挥，团结一致，坚定能安全脱险的信念，等待救援。

⑦长时间被困在井下，发觉救护人员到来营救时，避灾人员不可过度兴奋和慌乱，以防止发生意外。

参 考 文 献

[1] 王现国，王和平，葛雁，等. 地下水资源保护研究 [M]. 郑州：黄河水利出版社，2012.

[2] 徐智彬，朱朝霞. 水文地质勘查方法 [M]. 武汉：中国地质大学出版社，2013.

[3] 张学红，李福生. 水文地质勘察 [M]. 北京：地质出版社，2014.

[4] 龙凡. 干旱缺水地区地下水勘察技术 [M]. 沈阳：辽宁科学技术出版社，2014.

[5] 薛根良. 实用水文地质学基础 [M]. 武汉：中国地质大学出版社，2014.

[6] 仵彦卿. 地下水环境监测网优化方法与实践 [M]. 北京：中国环境出版社，2015.

[7] 李广贺，赵勇胜，何江涛，等. 地下水污染风险源识别与防控区划技术 [M]. 北京：中国环境出版社，2015.

[8] 樊小舟. 水文地质钻探与水源井成井技术 [M]. 徐州：中国矿业大学出版社，2015.

[9] 屈吉鸿，杨莉，李跃鹏. 变化环境下区域地下水演变与调控研究 [M]. 郑州：黄河水利出版社，2016.

[10] 吴春寅. 新构造水理论与地下水探寻开发技术 [M]. 北京：地质出版社，2017.

[11] 沈铭华，王清虎，赵振飞. 煤矿水文地质及水害防治技术研究 [M]. 哈尔滨：黑龙江科学技术出版社，2019.

[12] 肖瀚，唐寅，李海明. 沿海地区常见水文地质灾害及其数值模拟研究 [M]. 郑州：黄河水利出版社，2019.

[13] 游茂云. 水文地质在岩土工程勘察中的应用探究 [J]. 西部探矿工程，2021，33（1）：10-14.

[14] 薛刚. 水文地质条件对煤层气赋存的控制作用分析 [J]. 石化技术，2020（12）：286-287.

[15] [15] 李跃武，冯建明，刘代飞，等. 水文地质勘查在环境地质勘查中的应用分析 [J]. 世界有色金属，2020（19）：211-212.

[16] 缪海花. 水工环地质在地质灾害治理中的应用策略分析 [J]. 世界有色金属，2020（19）：150-151.

[17] 王景富. 工程地质与水文地质勘察相关问题分析 [J]. 江西建材，2020（9）：66.

[18] 鲁亮. 地质工程勘察中水文地质问题的重要性分析 [J]. 工程技术研究，2020，5（17）：242-243.

[19] 郑学文. 岩土工程勘察中水文地质问题分析 [J]. 世界有色金属，2020（17）：152-153.

[20] 李辉. 工程地质勘察中的水文地质危害分析及处理对策 [J]. 工程技术研究，2020（16）：251-252.